U0219029

蛋鸡疾病诊治
彩色图谱

主　编　谷风柱　　刁有江　　刘晓曦

副主编　符巧云　　王建荣　　李克鑫　　杨洪全

　　　　魏秀国　　李　浩

参　编（按姓氏笔画排序）

　　　　王　猛　　王秋红　　王耀斌　　牛洪国

　　　　卢兆彩　　白月山　　冯　俊　　刘奎伟

　　　　刘晓梅　　李开凯　　李升阳　　庞传荣

　　　　辛艳辉　　宋希海　　张士林　　张志浩

　　　　陈尔奎　　苗振祥　　范东侠　　胡素响

　　　　席恩丽　　崔京腾　　韩　丁

机械工业出版社

本书从生产实际和临床诊治的需要出发，结合笔者多年的临床教学和诊疗经验，针对商品蛋鸡病毒性疾病、细菌性疾病、寄生虫疾病和普通病等 34 种临床多发常见病，从发病原因、临床症状、病理变化、诊断要点和防控措施等方面进行了简洁明了的阐述，并提出了一些新观点。

　　本书内容丰富、通俗易懂、简明实用、图文并茂，使读者一目了然，适合广大兽医工作者、蛋鸡养殖户和相关技术人员阅读，也可作为农业院校、农村函授及相关培训班的辅助教材和参考资料。

图书在版编目（CIP）数据

蛋鸡疾病诊治彩色图谱/谷风柱，刁有江，刘晓曦
主编 . —北京：机械工业出版社，2017. 10（2019.10 重印）
（高效养殖致富直通车）
ISBN 978-7-111-58250-2

Ⅰ. ①蛋⋯　Ⅱ. ①谷⋯ ②刁⋯ ③刘⋯　Ⅲ. ①卵用
鸡 – 鸡病 – 诊疗 – 图谱　Ⅳ. ①S858. 31-64

中国版本图书馆 CIP 数据核字（2017）第 247790 号

机械工业出版社（北京市百万庄大街22号　邮政编码100037）
总　策　划：李俊玲　张敬柱
策划编辑：郎　峰　周晓伟　责任编辑：郎　峰　周晓伟　张　建
责任校对：王明欣　　　　　责任印制：李　飞
北京新华印刷有限公司印刷
2019 年 10 月第 1 版第 2 次印刷
140mm×203mm・8. 125 印张・2 插页・227 千字
4001— 7000 册
标准书号：ISBN 978-7-111-58250-2
定价：59.80 元

高效养殖致富直通车
编审委员会

序

　　改革开放以来，我国养殖业发展非常迅速，肉、蛋、奶、鱼等产品产量稳步增加，在提高人民生活水平方面发挥着越来越重要的作用。同时，从事各种养殖业也已成为农民脱贫致富的重要途径。近年来，我国经济的快速发展对养殖业提出了新要求，以市场为导向，从传统的养殖生产经营模式向现代高科技生产经营模式转变，安全、健康、优质、高效和环保已成为养殖业发展的既定方向。

　　针对我国养殖业发展的迫切需要，机械工业出版社坚持高起点、高质量、高标准的原则，组织全国20多家科研院所的理论水平高、实践经验丰富的专家学者、科研人员及一线技术人员编写了这套"高效养殖致富直通车"丛书，范围涵盖了畜牧、水产及特种经济动物的养殖技术和疾病防治技术等。

　　本丛书应用了大量生产现场图片，形象直观，语言精练、简洁，深入浅出，重点突出，篇幅适中，并面向产业发展需求，密切联系生产实际，吸纳了最新科研成果，使读者能科学、快速地解决养殖过程中遇到的各种难题。本丛书表现形式新颖，大部分图书采用双色印刷，设有"提示""注意"等小栏目，配有一些成功养殖的典型案例，突出实用性、可操作性和指导性。

　　丛书针对性强，性价比高，易学易用，是广大养殖户和相关技术人员、管理人员不可多得的好参谋、好帮手。

　　祝大家学用相长，读书愉快！

中国农业大学动物科技学院

前　言

　　近几年蛋鸡养殖的规模和数量都有了极大的扩展和提高，为丰富全国人民的菜篮子做出了较大贡献。但是鸡病频发和蛋价不稳也给蛋鸡养殖者造成了极大恐慌。尤其是近几年老病未去、新病又不断出现，给蛋鸡养殖业造成的危害日趋严重，鸡病已成为养殖是否成功的制约因素之一。

　　蛋鸡新病不断出现，如腺胃炎、肌胃炎、安卡拉病毒病等，使基层鸡病诊疗工作者感到困惑和迷茫，因此，提高蛋鸡疾病的快速诊断和防治水平迫在眉睫。《蛋鸡疾病诊治彩色图谱》的出版，将成为广大一线兽医工作者较实用的参考书籍。

　　本册图谱有以下几个特点：①疾病典型，全部是蛋鸡当前的多发病，而且全部是自然发病鸡群；②材料真实，近500幅照片全部在临床剖检、诊疗过程中拍摄；③精挑细选，力争每幅照片都能鲜明地体现疾病特征，提供可靠、可信的临床诊治参考依据，特别是对近几年发生的蛋鸡新病进行了详尽的描述。

　　诚然，有时照片背景不够严谨，拍摄场合不合要求，照片修剪较为粗糙，甚至照片内容较为血腥，但这恰恰证明了材料来源的真实性和实用性，而这些似乎也不会影响同行们的阅读兴趣。

　　"看图识病、看图诊病、看图治病、看图防病"是本书的目的，但毕竟编者受到知识层面、临床经验和工作地域等各种局限，书中有些看法和观点不一定完全正确，仅供同行参考。

　　需要特别说明的是，本书所用药物及其使用剂量仅供读者参考，不可照搬。在生产实际中，所用药物学名、常用名与实际商品名称有差异，药物浓度也有所不同，建议读者在使用每一种药物之前，参阅厂家提供的产品说明以确认药物用量、用药方法、用药时间及禁忌等。购买兽药时，执业兽医有责任根据经验和对患病动物的了解决定用药量及选择最佳治疗方案。书中疏漏之处在所难免，诚请各位专家、同行和读者提出宝贵意见。

编　者

目　录

第一章　病毒性疾病

一、新　城　疫

【简介】 >>>>

鸡新城疫又称鸡瘟，是由禽副流感病毒型新城疫病毒引起鸡的一种高度接触性、急性、烈性传染病。本病常呈现败血症经过。蛋鸡发病后的主要特征是鸡冠和肉垂发紫、呼吸困难、下痢、有神经症状、成年鸡产蛋量严重下降。本病感染率和致死率极高。

在我国，20 世纪 30 年代，就发生过新城疫病，50 年代在全国广泛流行，是鸡病中危害最严重的一种。现在我国已普遍施行了免疫接种、监测和综合防制措施，使新城疫得到了较好控制。

【病原与传播】 >>>>

病原为副黏病毒科、副黏病毒属的禽副黏病毒 I 型。病毒存在于病禽的所有组织器官、体液、分泌物和排泄物中，以脑、脾脏、肺含毒量最高，以骨髓含毒时间最长。鸡感染病毒后在临床症状出现前 24h，其分泌物和排泄物就有病毒排出。

鸡最易感染。不同年龄的鸡易感性存在差异，幼雏和中雏易感性最高，2 年以上的老鸡易感性较低；水禽也能感染本病；病鸡和带毒鸡是本病的传染源；鸟类也是重要的传播者。历史上，有国家因进口观赏鸟类而招致了本病的流行。

本病一年四季均可发生，但以春、秋季发生较多。鸡场内的鸡一旦发生本病，可于 4～5 天内波及全群。

【临床症状】 >>>>

临床上以呼吸道和消化道症状为主。

（1）典型新城疫 病鸡突然发病、死亡迅速。多出现甩头，张口呼吸，精神委顿，羽毛蓬松呈鱼鳞状，食欲废绝；嗉囊内积有液体和气体，口腔内有黏液，倒提病鸡可见从口中流出酸臭液体；下痢且呈草绿色；鸡冠和肉垂发紫。发病率和死亡率可达90%以上。后期可见病鸡转圈、扭颈、仰头、瘫痪等神经症状。产蛋鸡迅速减蛋，软壳蛋数量增多，很快绝产。

图 1-1-1　鸡冠败血呈紫色

图 1-1-2　病鸡瘫痪

图 1-1-3　病鸡扭颈

图 1-1-4　颈部羽毛蓬松

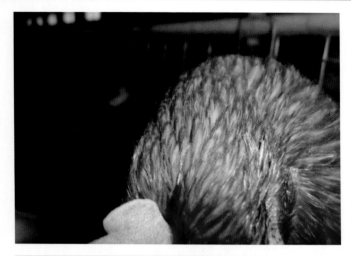

图 1-1-5　全身羽毛蓬松呈鱼鳞状

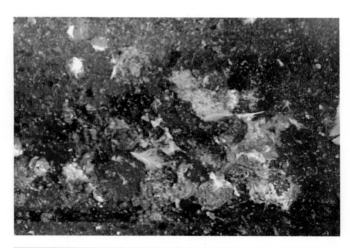

图 1-1-6　草绿色下痢

（2）**非典型新城疫**　当鸡群具备一定免疫水平时，遭受强毒攻击而发生的一种特殊表现形式。有的病鸡有轻微呼吸道症状表现，有的无任何可观症状，只出现产畸形蛋、白壳蛋、软壳蛋和沙壳蛋等情况。

图 1-1-7 产出白壳蛋或软壳蛋

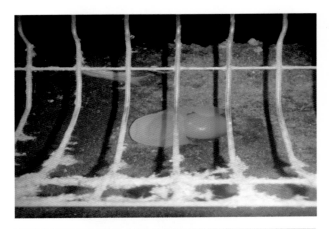

图 1-1-8 软壳蛋破裂

【病理变化】 >>>>>

　　剖检病鸡，可见各处黏膜、浆膜出血和肝脏肿胀，特别是腺胃乳头和贲门部出血。心脏、肺部、气管黏膜、喉头黏膜出血；卵巢坏死、出血，卵泡破裂性腹膜炎等。消化道淋巴滤泡肿大、出血和溃疡是新城疫的突出特征。消化道出血病变主要分布于腺胃前部——食道移行部；腺胃后部——肌胃移行部；小肠各部、十二指肠；回肠中部（两盲肠夹合部）；盲肠扁桃体枣核样隆起、出血、坏死。

　　其中最具诊断意义的是十二指肠黏膜、卵黄蒂前后的淋巴结、盲肠扁桃体、直肠黏膜等部位的出血灶。

　　患非典型新城疫的病鸡剖检少见腺胃乳头出血等典型病变，仅见肠道淋巴滤泡肿胀。

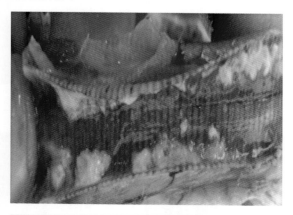

图 1-1-9　气管黏膜出血

图 1-1-10　肺部出血呈黑紫色

图1-1-11　心冠脂肪有出血点

图1-1-12　腺胃乳头轻度出血

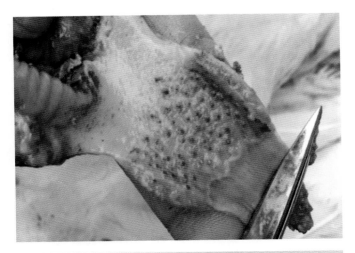

图 1-1-13　腺胃乳头重度出血

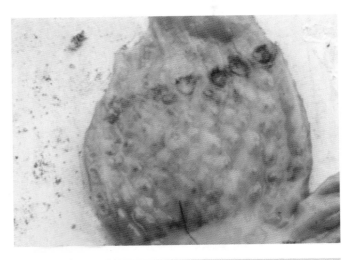

图 1-1-14　腺胃与食道之间有出血带

图 1-1-15 腺胃与肌胃之间有出血带

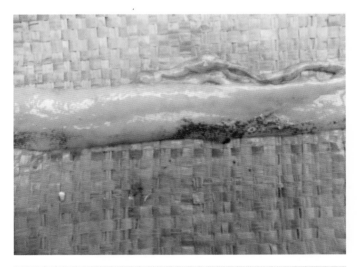

图 1-1-16 肠道淋巴滤泡丛出血

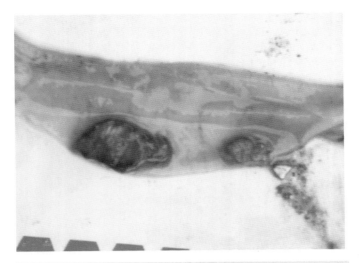

图 1-1-17　淋巴滤泡丛出血、坏死

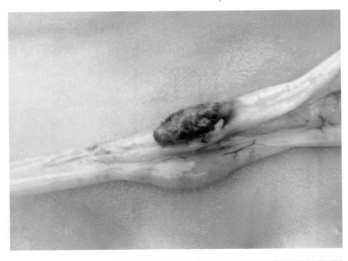

图 1-1-18　盲肠扁桃体出血、坏死

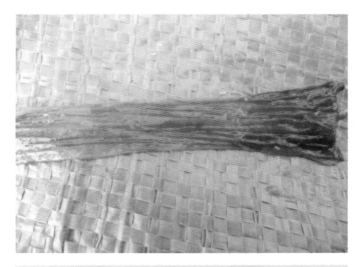

图 1-1-19　直肠黏膜条状出血

图 1-1-20　肝脏肿胀

图 1-1-21　卵泡充血

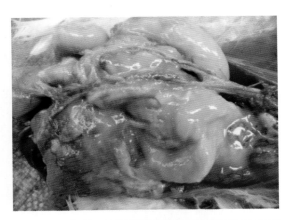

图 1-1-22　卵泡破裂性腹膜炎

【诊断要点】 >>>>

（1）**临床特征**　病鸡采食量突然减少，呼吸道症状严重，排草绿色稀便，产蛋量明显下降。

（2）**病理变化**　病鸡出现以消化道黏膜出血、坏死和溃疡为特征的示病性病理变化。

（3）**实验室检查**　确诊要进行病毒分离和鉴定，也可通过血清学诊断来判定。

【**防控措施**】 >>>>>

（1）预防

1）加强饲养管理和兽医卫生检验工作，减少应激，提高鸡群的整体健康水平；特别要强调全进全出和封闭式饲养制度，提倡育雏、育成、成年鸡分场饲养方式。

2）严格执行防疫消毒制度，杜绝强毒污染和入侵。建立科学的、适合于本场实际的免疫程序。

3）坚持定期的免疫监测，随时调整免疫计划，使鸡群始终保持有效的抗体水平。

（2）控制

1）一旦发生非典型新城疫，应立即隔离和淘汰早期病鸡，全群紧急接种3倍剂量的 LaSota（Ⅳ系）活毒疫苗，必要时也可考虑注射Ⅰ系活苗。如果将3倍剂量的Ⅳ系活苗与新城疫油乳剂灭活苗同时应用，效果更好。

对发病鸡群可应用中药抗病毒药及肽制剂，再配合适当的抗生素药物，同时供给电解多维饮用水，可增加鸡只免疫力，控制继发细菌感染。

2）我国最常用的疫苗有鸡新城疫Ⅰ系、Ⅳ系（LaSota）活苗和油乳灭活苗。

Ⅰ系活苗是一种中等毒力的冻干活苗，产生免疫力快（3～4天），免疫期长达半年以上，常用于经过弱毒疫苗免疫过的鸡，或2月龄以上的鸡群，多采用肌内注射的方法接种。现因毒力稍强而限制应用。

Ⅳ系活苗（LaSota）是弱毒冻干活苗，多为基因Ⅶ型。在大型鸡场多采用喷雾和饮水免疫；小型鸡场和农家养鸡可采用滴鼻和饮水等方法免疫。本苗应用广泛。

油乳灭活疫苗产生抗体稍慢，但抗体水平平稳且持久。

3）新城疫参考免疫程序：

7日龄鸡：Ⅳ系活苗滴鼻、点眼，同时用新城疫灭活苗0.3ml，肌内注射；

21日龄鸡：Ⅳ系活苗喷雾免疫或2倍剂量饮水；

9 周龄鸡：Ⅳ系活苗喷雾或饮水免疫，同时注射Ⅰ系活苗；

16 周龄鸡：新城疫灭活苗肌内注射，Ⅰ系活苗注射。

蛋鸡开产后，每 2 个月用Ⅳ系活苗喷雾，或饮水免疫 1 次；每 4 个月用油乳灭活苗注射 1 次。

二、禽 流 感

【简介】 >>>>

禽流感全名为鸟禽类流行性感冒，又称真性鸡瘟或欧洲鸡瘟。本病是由病毒引起鸟禽的一种急性高度致死性传染病，被国际兽疫局定为甲类传染病。到目前为止，禽流感疫情在不少国家和地区仍时有发生，而且还不断扩散。患病鸡病死淘汰率很高，给蛋鸡饲养带来极大的风险和威胁。

【病原与传播】 >>>>

高致病性禽流感的病原体是 A 型流感病毒的 H5 病毒，目前 H5 已有 N1、N2、N6、N8 等多种亚型，且有若干个变异毒株，如 Re-6、Re-7、Re-8、Re-10 等。由于病毒多变异，导致 A 型禽流感反复发生，难以彻底根除。目前，H7N9 禽流感病毒似乎有蔓延趋势。

低致病性禽流感病毒为 H9N2，原来总认为 H9 带毒不发病，但发生几次变异后，其致病和致死性有增强趋势。

从目前情况看，禽流感的发生、发展还没有明显的规律性，但禽流感病毒存在于病禽和感染禽的消化道、呼吸道和禽体脏器组织中。禽流感的传播有健禽与病禽直接接触和健禽与病禽污染物间接接触 2 种。

候鸟（如野鸭）的迁徙可将禽流感病毒从一个地方传播到另一个地方，通过污染的环境（如水源）等可造成禽群的感染和发病。带有禽流感病毒的禽群和禽产品的流通可以造成禽流感的传播。由于在禽流感病毒的传播上，野禽（主要为候鸟）带毒情况较为普遍，已成为主要的传染源；世界范围的禽产品贸易频繁等因素造成了禽流感在某些国家和区域的暴发及流行。

【临床症状】 >>>>>

（1）**强毒型** 呈暴发流行，鸡群突然发病，传播迅速，常不表现任何症状而大批死亡。病程稍长的鸡，出现精神沉郁，废食；鸡冠和肉垂发黑或高度水肿，眼炎；腿鳞出血、变紫。产蛋量减少或急剧下降，畸形蛋明显增多。鸡群的死亡率可达75%以上，严重者死亡率可更高。

图 1-2-1 产蛋鸡鸡冠和肉垂发黑，眼炎

图 1-2-2 青年鸡眼圈水肿

图 1-2-3　产蛋鸡眼角拉长

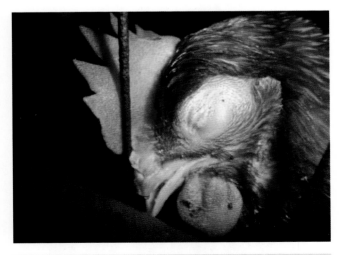

图 1-2-4　产蛋鸡肉垂水肿合并，眼炎

图 1-2-5 待产鸡肉垂水肿

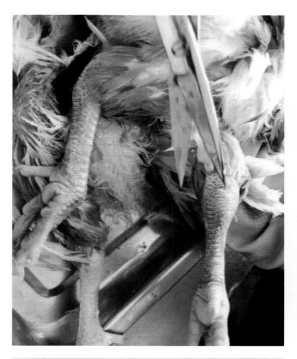

图 1-2-6 产蛋鸡腿部鳞片间出血

图 1-2-7　鸡蛋大小不均，畸形

（2）**弱毒型**　病鸡临床常表现产蛋量突然下降，死亡率不高。以呼吸道症状为主，咳嗽，打喷嚏，肉垂肿胀，流鼻液。病鸡下痢，粪便呈黄绿色。

图 1-2-8　病鸡肉垂水肿

图1-2-9 严重下痢，粪便呈黄绿色

【病理变化】 >>>>

患本病的病鸡全身出血性变化极为严重。内脏浆膜面、腿肌、气管及脏器脂肪都有出血带或出血点。

鸡头肿大，头部皮下胶样浸润与出血；鼻腔有大量黏液；口腔黏膜出血严重；胸腺出血；嗉囊溃疡；心肌有点状出血或灰黄色的坏死灶，心冠脂肪有出血点；腺胃乳头出血，腺胃与肌胃交界处呈带状出血；十二指肠、盲肠扁桃腺及泄殖腔有出血点或斑块状出血。肝脏、脾脏明显肿大。

母鸡的卵巢萎缩，卵泡变形、瘀血、发炎、坏死，输卵管内有白色黏稠纤维素性分泌物，子宫内有纤维素凝块，且见出血。

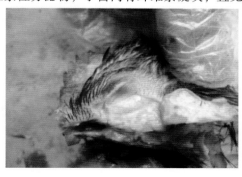

图1-2-10 鸡头肿大，皮下胶样浸润

图 1-2-11　鼻腔有大量黏液

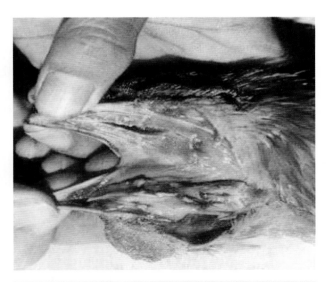

图 1-2-12　口腔黏膜出血严重

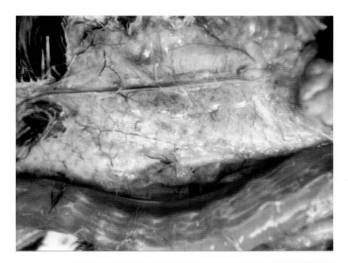

图 1-2-13 产蛋鸡胸腺出血

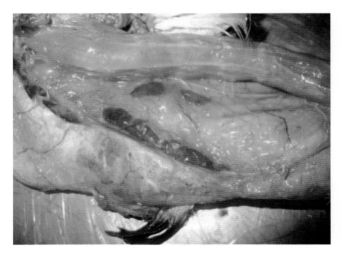

图 1-2-14 青年鸡胸腺严重出血

图 1-2-15　嗉囊有豆粒状或枣核状溃疡

图 1-2-16　腿肌有条纹状出血带

图 1-2-17 气管严重出血

图 1-2-18 脏器脂肪部分严重出血

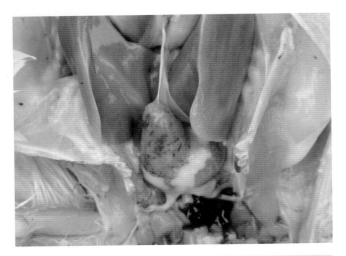

图 1-2-19　心肌严重出血

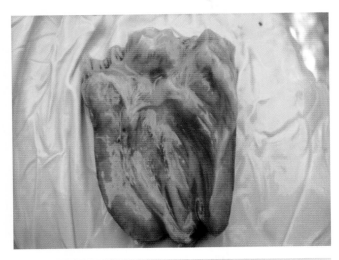

图 1-2-20　心肌内膜出血

图 1-2-21　肝脏肿胀、黄染，脂肪变性

图 1-2-22　肝脏肿胀、胆囊肿胀

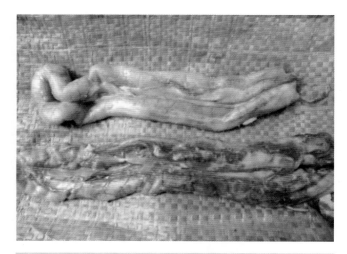

图 1-2-23　胰腺边缘出血

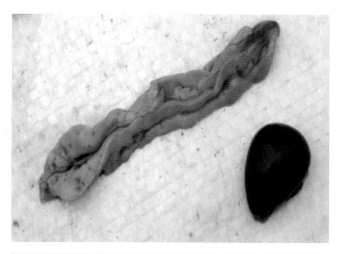

图 1-2-24　胰腺密布出血点，脾脏呈黑紫色

图 1-2-25　腺胃与肌胃间有出血带

图 1-2-26　十二指肠有出血斑

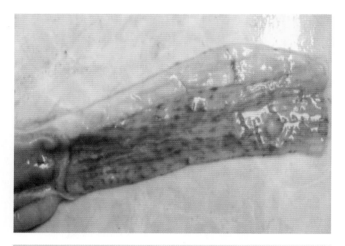

图 1-2-27　直肠黏膜出血

图 1-2-28　卵泡瘀血

图 1-2-29 卵泡液化坏死

图 1-2-30 卵黄性腹膜炎

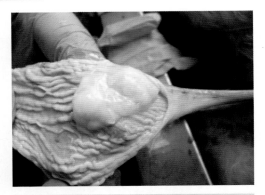

图1-2-31　子宫内有纤维素凝块

图1-2-32　子宫内膜出血，有未成型的鸡蛋及凝块

【诊断要点】 >>>>

依据流行特点、临床症状和剖检所见病变做出初步判断。确诊需做病毒分离和鉴定。

高致病性禽流感及其毒株变异以国家标准实验室检测发布为准。

【防控措施】 >>>>

（1）预防

1）做好严格的检疫、监控工作。

2）加强生物安全措施，杜绝畜禽混养、水禽混养，避免与野生鸟类接触，严格执行消毒制度等。

3）做好 H5 和 H7N9 禽流感疫苗接种工作。

（2）控制　发生高致病性禽流感时，应按照国家规定严格处理。发生温和性禽流感时，要严密封锁，彻底消毒。必要时，应用提高和平衡鸡只免疫力的药物，适当使用抗生素，防止细菌病的继发感染。修复生殖系统受损细胞，消除输卵管炎症，恢复和提高产蛋量。

三、淋巴白血病

【简介】 >>>>

鸡淋巴性白血病是以淋巴组织增生为特征的慢性恶性肿瘤病。本病多发于 20 周龄以上的鸡，呈慢性经过，多数无明显临床症状。本病可导致蛋鸡性成熟延迟、产蛋量下降和蛋品质下降。病鸡多因极度消瘦而死亡，对鸡群生产性能影响极大。

【病原与传播】 >>>>

病原是鸡网状内皮组织增生病毒，它能引起淋巴细胞畸变，使其丧失血细胞及血液的基本功能，从而导致严重致死性。

本病毒现有 6 个亚群：即 A、B、C、D、E、J 亚群。其中 E 亚群属内源性的，可进入染色体内，致病性弱；其他 5 个亚群属外源性，致病力强，但不进入染色体。生产中净化鸡群主要就是净化外源性的 5 个亚群。

A、B、C、D 亚群以引发淋巴细胞瘤为主，包括各脏器的肿瘤；而 J 亚群则会引发骨髓细胞瘤。

我国于 1999 年发现本病，其中内脏肿瘤型占 80% 以上，血管瘤型占 3% 以下，但病鸡淘汰率高。鸡的淋巴白血病类似于人类的艾滋病，但不感染人。2009 年 6 月以来，江苏南通地区以及各地蛋鸡场在鸡群开产后发生白血病、血管瘤的病例显著上升，已成为影响我国蛋鸡业发展的重大疫病之一。

产蛋鸡开产后发生的白血病、血管瘤主要是由 J 亚群禽白血病病毒引起的，同时有的是由 A 和 B 亚群白血病毒感染引起。

临床上以成年鸡多发，也常发于 20 周龄以上的蛋鸡或种鸡，且无明显季节性；主要通过种鸡、种蛋垂直传播，也可横向传播但很少，主要传播场所是孵化室和运输箱。另外，昆虫、针头和疫苗污染也不可忽视。本病的发病率为 1%～5%。

【临床症状】 >>>>

淋巴白血病有不同的病型，一般可分为淋巴细胞性白血病、成红细胞性白血病（消瘦和毛囊出血）、成骨髓细胞性白血病（肋骨、胸骨和胫骨有异常隆凸）、骨髓细胞瘤病、内皮瘤（皮肤上见单个或多个肿瘤，瘤壁破溃后，常出血不止）、肾真性瘤（肾脏肿大压迫坐骨神经，出现瘫痪的病状）、纤维瘤和骨化石症（病鸡见胫骨增粗常呈穿靴样）等，但临床最多见的是淋巴细胞性白血病，也称为大肝病。

患淋巴白血病的病鸡主要是内脏肿瘤型，病鸡的临床表现为食欲不振、消瘦、产蛋停止；鸡冠和肉垂苍白、皱缩；排泄稀绿粪便；有的鸡腹部膨大，指压有波动感，有时可以触摸到肿大的肝脏，最后多因衰竭而死亡。

图 1-3-1　病鸡鸡冠苍白

【病理变化】 >>>>

剖检病鸡可见腺胃肿胀、胃壁增厚；肝脏显著肿大、变脆、有出血斑，肿大的肝脏占据整个腹腔，有的肝脏呈结节状、粟粒状或弥漫性灰白色的肿瘤，均匀分布于肝实质中；弥散性肝脏肿瘤呈均匀肿大，颜色为灰白色，俗称"大肝病"；脾脏肿大、质脆，呈灰棕色，也有许多凸出于表面的灰白色肿瘤结节；心肌有结节；卵巢有灰白色肿瘤，病变似核桃样；肌肉长有结节；皮肤各处和内脏长有不同的血管瘤。

　　蛋鸡 J 亚群感染主要是在脚掌下、脾脏、肝脏、心脏、头部、翅膀、气囊、胰腺、肠系膜和脂肪等处有血管瘤生长。血管瘤极易发生破裂，病鸡因流血不止而死亡。

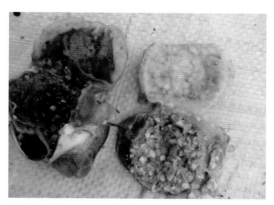

图 1-3-2　腺胃壁明显增厚

图 1-3-3　脾脏高度肿胀，有出血斑

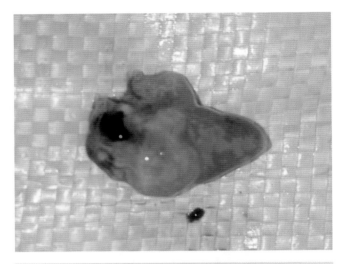

图 1-3-4 心肌结节明显凸出

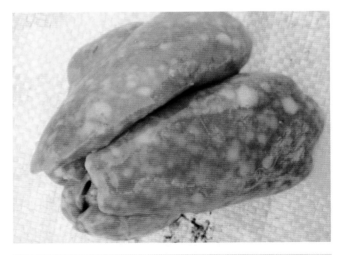

图 1-3-5 肝脏肿胀，有灰白色肿瘤

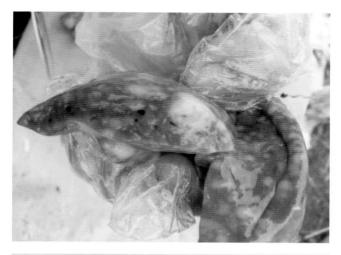

图1-3-6　灰白色坏死灶浸润的肝脏实质

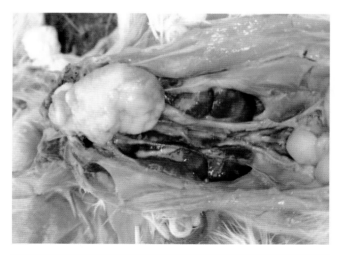

图1-3-7　卵巢及肾脏肿瘤

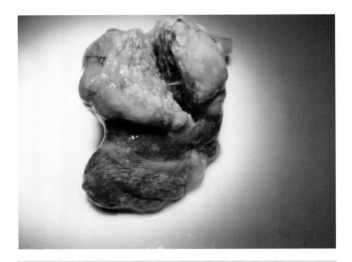

图 1-3-8　肺脏肿瘤

图 1-3-9　胸肌极度消瘦，有明显白色结节

图 1-3-10　鸡冠下的血管瘤

图 1-3-11　翅尖血管瘤

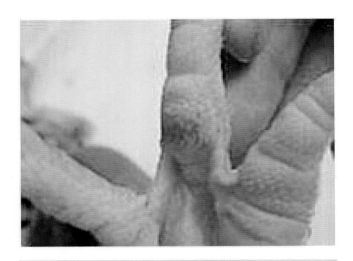

图 1-3-12　脚趾腹侧血管瘤

图 1-3-13　脾脏血管瘤

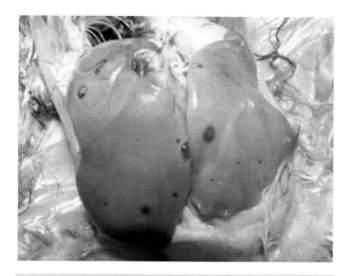

图1-3-14 肝脏血管瘤

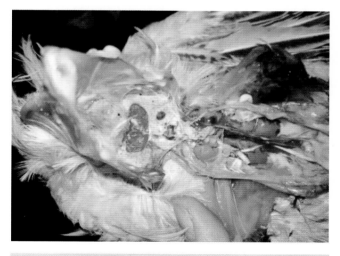

图1-3-15 气囊血管瘤

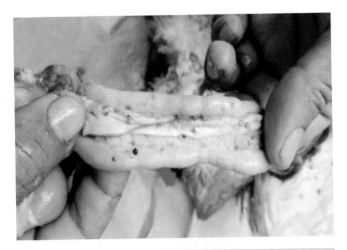

图 1-3-16　胰腺及周围血管瘤

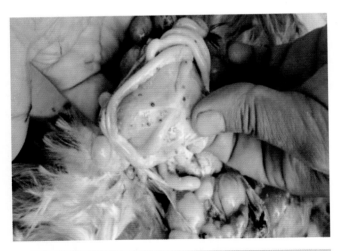

图 1-3-17　肠系膜血管瘤

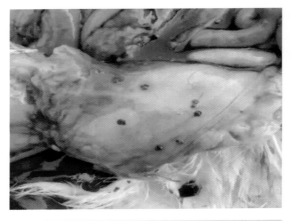

图 1-3-18　脂肪血管瘤

【诊断要点】 >>>>

目前的检测方法能够检出病毒，但难以确定此病毒是外源性或内源性的。

无菌采集有临床症状和肿瘤性病变的病鸡肝脏和血液各 15 份，经琼脂扩散试验和酶联免疫吸附试验（ELISA）结果均为阳性。

因此，综合临床症状、病理变化和实验室诊断结果，可确诊为鸡淋巴细胞性白血病。

【防控措施】 >>>>

1）首先做好相关疾病免疫工作。如新城疫、鸡马立克氏病、鸡传染性法氏囊疫苗接种工作到位，鸡的全身免疫力就有保障；如果疫苗接种不好，则鸡群对白血病的抵抗力也会降低，感染本病的概率就会增大。

2）坚持开展定期消毒工作。对鸡舍、用具定期消毒，特别是孵化室和运雏箱更要严格消毒。

3）鸡群应经常应用提升免疫力的药物。

4）及时淘汰处理病死鸡。

5）做好血清抗体监测工作。对鸡群进行定期的、连续的抗体测定，根据抗体水平及时淘汰阳性鸡。在没有进行疫苗注射的情况下，如果鸡体内产生了淋巴细胞性白血病病毒抗体，说明鸡群内已经感染了本病。这时，如果立即淘汰感染鸡，消除鸡群内传染来源，采取消毒等措施切断传染途径，就能很快终止疾病的流行，把损失降到最低。通过血清抗体检测，可以在鸡群发生严重症状之前就发现感染鸡，所以，血清抗体监测是大型鸡场，特别是种鸡场防控淋巴细胞性白血病的重要措施。

四、马立克氏病

【简介】>>>>

马立克氏病是双股 DNA 病毒目疱疹病毒科（细胞结合性疱疹病毒）的类鸡马立克氏病毒引起鸡的一种淋巴组织慢性增生性肿瘤病，其特征为外周神经淋巴样细胞浸润和增大，引起鸡只肢（翅）麻痹，以及各种脏器和皮肤的肿瘤病灶。本病是一种世界性疾病，目前有和淋巴白血病混合感染的趋势，可引起鸡群较高的发病率和死亡率，是危害蛋鸡业健康发展的主要疫病之一。

【病原与传播】>>>>

本病病原属于疱疹病毒的 B 亚群（细胞结合毒），共分 3 个血清型，病毒颗粒直径为 150nm。鸡易感，哺乳动物不感染。病鸡和带毒鸡是传染源，在病鸡的羽毛囊上皮内，存在大量完整的病毒，随皮肤代谢脱落后污染环境，成为在自然条件下最主要的传染源。

本病主要通过空气传染，经呼吸道进入体内；污染的饲料、饮水和人员也可带毒传播；孵化室污染能使刚出壳雏鸡的感染性明显增加；1 日龄雏鸡最易感染，2 ~ 18 周龄鸡均可发病；母鸡比公鸡易感。

【临床症状】>>>>

本病潜伏期常为 3 ~ 4 周，发病早的可在 50 日龄后出现症状，70 日龄后陆续出现死亡，90 日龄后达到发病高峰，很少有晚至 30 周龄才出现症状的。本病的发病率变化很大，一般产蛋鸡为 10% ~ 15%，严重时可达 50%，死亡率与之相当。根据临床表现分为神经型、内脏型、眼型和皮肤型 4 种类型。

（1）**神经型** 病毒常侵害周围神经，以坐骨神经和臂神经最易受侵害。当坐骨神经受损时，病鸡一侧腿发生不全或完全麻痹，站立不稳，两腿前后伸展，呈"劈叉"姿势，为典型症状；当臂神经受损时，翅膀下垂。病鸡往往由于吃不到饲料而衰竭，或被其他鸡只践踏而亡。发现病鸡应淘汰。

图 1-4-1 病鸡因坐骨神经麻痹，而呈"劈叉"姿势

图 1-4-2 病鸡双侧坐骨神经麻痹

图 1-4-3　病鸡因臂神经麻痹而下垂

（2）内脏型　常见于 50～150 日龄的鸡，病鸡精神委顿，食欲减退，羽毛松乱，鸡冠苍白、皱缩，黄白色或黄绿色下痢，迅速消瘦，胸骨似刀锋，触诊腹部能摸到硬块。病鸡脱水、昏迷，最后死亡。

图 1-4-4　病鸡极度消瘦，胸骨似刀锋

（3）**眼型**　在病鸡群中很少见到。病鸡表现为瞳孔缩小，严重时仅有针尖大小；虹膜边缘不整齐，呈环状或斑点状，颜色由正常的橘红色变为弥漫性的灰白色；轻者表现对光线强度的反应迟钝，重者因眼球凹陷对光线失去调节能力而失明。

图1-4-5　因眼球凹陷而失明

（4）**皮肤型**　本型较少见，往往在禽类加工厂屠宰鸡只时，煺毛后才可发现，主要表现为毛囊肿大或皮肤出现结节。

图1-4-6　病鸡皮肤结节

临床上以内脏型最为多见,一般病鸡死亡率在5%以下,且当鸡群开始产蛋前,本病流行基本会平息;而有的鸡群发病以内脏型为主,兼有神经型,当出现混合型后,危害大、损失严重,常造成较高的死亡率。

【病理变化】 >>>>

(1) 内脏型 主要表现为内脏多种器官出现肿瘤,肿瘤多呈结节性,大小不等,略凸出于脏器表面,呈灰白色,切面脂肪样。病毒常侵害的脏器有肝脏、脾脏、性腺、肾脏、心脏、肺、腺胃、肌胃等。有的病例肝脏上没有结节性肿瘤,但肝脏异常肿大,比正常大5~6倍,近年发现有的病例中肝脏不仅不肿大反而萎缩变小。性腺肿瘤比较常见,甚至整个卵巢被肿瘤组织代替,呈花菜样肿大。腺胃外观有的变长,有的变圆,胃壁明显增厚或薄厚不均,切开后腺乳头消失,黏膜出血、坏死。一般情况下法氏囊无肉眼可见的变化或见萎缩。

图1-4-7 腺胃壁明显增厚

图 1-4-8 脾脏肿胀

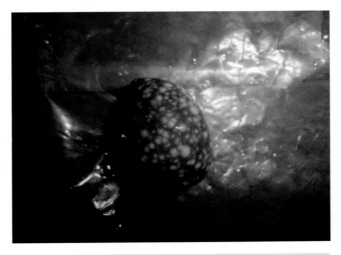

图 1-4-9 脾脏表面有白色坏死灶

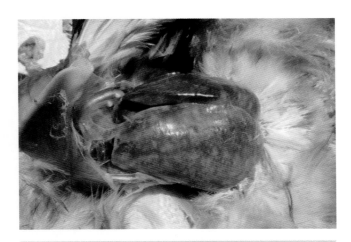

图 1-4-10　肝脏高度肿胀

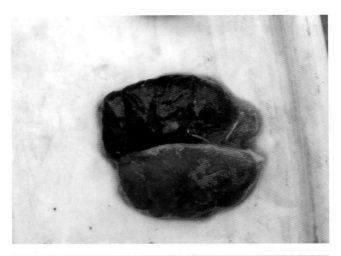

图 1-4-11　肺部高度肿大

图 1-4-12　心肌肿瘤

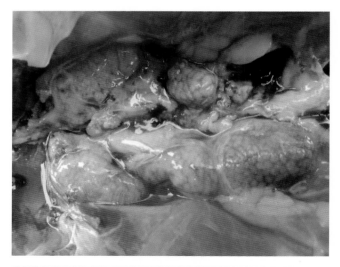

图 1-4-13　肾脏肿胀

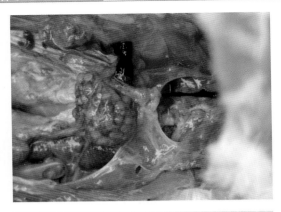

图1-4-14 卵巢肿瘤

（2）**神经型** 常见坐骨神经明显水肿且增粗，呈灰色或黄色，比正常粗2~3倍，多侵害一侧神经。

图1-4-15 坐骨神经水肿且增粗

【诊断要点】 >>>>>

（1）**临床特征** 病鸡慢性消瘦、腿翅麻痹、零星死亡。
（2）**剖检病变** 各内脏泛发性肿瘤、肢麻痹。

【防控措施】 >>>>>

1）加强孵化室与育雏鸡舍的消毒工作，防止雏鸡的早期感染。

2）注重育雏舍的早期通风，避免野毒早期占位。

3）成鸡一旦发生本病，再次养鸡时，应不要在原来的育雏舍育雏。

4）马立克氏病疫苗接种。目前国内使用的疫苗有多种，主要是进口疫苗和国内生产的疫苗，这些疫苗均不能抗感染，但可防止发病。常用的有血清1型、血清2型和血清3型疫苗，多在鸡只1日龄时开始接种。

5）多价苗。在实际生产中免疫失败的案例越来越多，部分原因是超强毒株的存在。市场上已有 SB－1＋FC126、301B/1＋FC126 等二价或三价苗，鸡只免疫后具有良好的协同作用，能够抵抗强毒的攻击。

采取疫苗接种是控制本病的极重要的措施，但是它们的保护率均不能达到100%，因此鸡群中仍有少量病例发生，故不能完全依赖疫苗，加强综合防疫措施还是十分必要的。

五、传染性法氏囊炎

【简介】 >>>>>

鸡传染性法氏囊病是传染性法氏囊病毒引起鸡的一种急性、高度传染性疾病。由于本病发病突然、病程短、鸡只死亡率高，且可引起鸡只体的免疫抑制，目前本病仍然是养鸡业的主要传染病之一，但近几年来在一定程度上得到了比较有效的控制。

【病原与传播】 >>>>>

传染性法氏囊病毒属于双股 RNA 病毒科，包括2个血清型。病毒主要随病鸡粪便排出，污染饲料、饮水和环境，经消化道、呼吸道和眼结膜等途径使同群鸡感染。

自然条件下，所有品种的鸡均可感染；本病仅发生于 2 ~ 15 周龄的小鸡，3 ~ 6 周龄为发病高峰期；本病发病率高，甚至可达 100%，但死亡率低，一般为 5% ~ 15%。

【临床症状】 >>>>

雏鸡群突然大批发病，2 ~ 3 天内可波及 60% ~ 70% 的鸡，发病后 3 ~ 4 天，死亡率达到高峰。发病前 3 天，鸡群采食量突然增加，发病后病鸡精神高度沉郁呈嗜睡状态，颈部炸毛，排石灰水样白色稀便。重者脱水，卧地不起，极度虚弱、最后死亡；耐过雏鸡贫血消瘦，生长缓慢。

图 1-5-1　病鸡精神沉郁，颈部炸毛

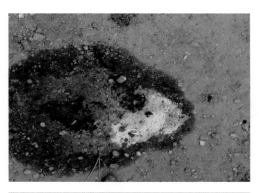

图 1-5-2　石灰水样白色稀便

【病理变化】 >>>>

　　病死鸡表现为脱水，腿肌和胸肌常有不规则出血；腺胃和肌胃交界处黏膜有出血带；法氏囊肿胀，呈黄色胶冻样水肿，切开法氏囊有黏液性或纤维素性渗出物；严重时法氏囊黑紫、出血、坏死；肾脏有尿酸盐沉积，呈花斑状。

图1-5-3　病鸡胸肌出血

图1-5-4　病鸡腿肌出血

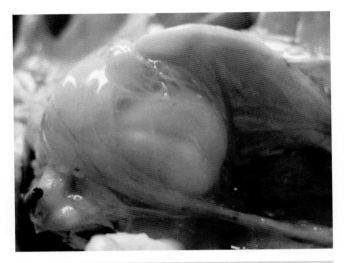

图 1-5-5 法氏囊重度胶冻样水肿

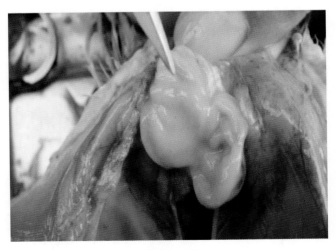

图 1-5-6 切开法氏囊有黏液性或纤维素性渗出物

图1-5-7 法氏囊轻度出血

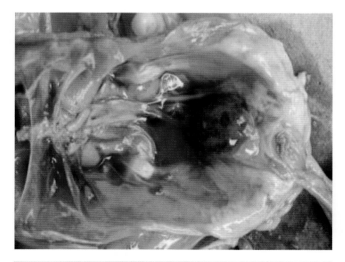

图1-5-8 法氏囊重度出血、坏死

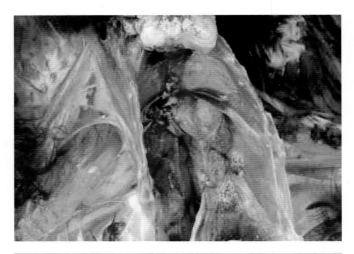

图 1-5-9　因尿酸盐沉积肾脏呈花斑状

图 1-5-10　腺胃和肌胃交界处黏膜有出血带

【诊断要点】 >>>>>

（1）临床特征 病鸡突然发病、精神沉郁、颈部炸毛、石灰水样白色稀便。

（2）剖检病变 法氏囊肿胀、有渗出物、出血、坏死；肾脏肿胀、有尿酸盐沉积。

【防控措施】 >>>>>

（1）疫苗接种免疫 法氏囊疫苗的免疫工作非常重要，它不仅可有效预防传染性法氏囊炎，而且还能避免继发感染其他病毒病。

（2）雏鸡免疫 中等毒力疫苗接种后会对法氏囊有轻度损伤，但对血清 I 型的强毒的预防效果好。一般在 14 日龄时对雏鸡进行点眼、滴鼻或饮水免疫，对雏鸡具有较好的免疫保护作用。

（3）提高种鸡的母源抗体水平 种鸡群在 18 ~ 20 周龄和 40 ~ 42 周龄经 2 次接种法氏囊油佐剂灭活苗后，可产生高抗体水平并传递给商品代，使雏鸡获得较整齐和较高的母源抗体，在 2 ~ 3 周龄内得到较好的保护，防止雏鸡早期遭受病毒感染。

（4）治疗措施 可应用抗法氏囊高免血清或高免卵黄抗体紧急接种，注射时，可加入适量抗生素。同时，应用高浓度电解多维水溶液供鸡群饮用，有助于病鸡的康复。中药制剂的应用也具有良好的疗效。

六、传染性支气管炎

【简介】 >>>>>

蛋鸡传染性支气管炎是由传染性支气管炎病毒引起蛋鸡的一种急性、高度接触性呼吸道传染病。其临床症状是病鸡呼吸困难、发出啰音、咳嗽、张口呼吸、打喷嚏。如果无肾型毒株或无继发感时，鸡只死亡率很低。产蛋鸡感染后，产蛋量下降。本病广泛流行，是蛋鸡养殖业的重要疫病之一。

【病原与传播】 >>>>

传染性支气管炎病毒属冠状病毒科，冠状病毒属。本病毒对环境抵抗力不强，对普通消毒药敏感，具有很强的变异性，目前已分离出 30 多个血清型，在这些毒株中多数能使气管产生病变，但近几年发现有些毒株能引起肾脏和生殖系统的病变。

本病主要通过空气传播，也可以通过饲料、饮水、垫料等传播。鸡舍内饲养密度过大、过热或过冷、通风不良等均可诱发本病。鸡只感染无明显的品种差异，各种日龄的鸡都易感，蛋鸡在 7 周龄左右和 30 周龄时最易发病，死亡率不高。发病季节多在秋末至次年春末。鸡只在疫苗接种、转群时可诱发本病，一旦发病传播迅速，常在 1～2 天内波及全群。

1 日龄雏鸡感染时可使输卵管发生永久性的损伤，使其不能达到应有的蛋产量。

【临床症状】 >>>>

雏鸡感染时几乎全群同时突然发病。病鸡最初表现咳嗽、打喷嚏、伸颈张口喘气，夜间可听到明显的嘶哑叫声。

产蛋鸡发病初期少数鸡有喘鸣音，很快大群出现呼吸困难、咳嗽、气管啰音，有呼噜声，夜间更加明显；排黄色稀粪；发病第 2 天产蛋量即开始下降，1～2 周下降到最低点，有时产蛋量可下降一半，产畸形蛋，种蛋的孵化率降低，产蛋量回升较慢。

肾型病毒感染鸡只时，病鸡除有呼吸道症状外，还可排水样白色或绿色粪便，并含有大量尿酸盐。病鸡失水、虚弱、嗜睡，鸡冠呈紫蓝色；病程较长，死亡率也高。

生殖型病毒感染鸡只时，病鸡呈企鹅样直立行走，腹部膨满呈水样波动。

图1-6-1 病鸡突然发病，高声怪叫

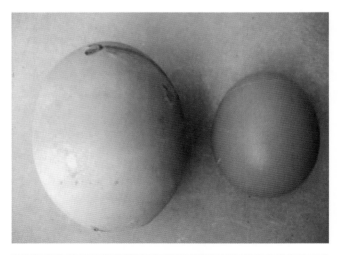

图1-6-2 大小不匀的畸形蛋

图1-6-3　病鸡腹部膨满呈企鹅样直立行走

【病理变化】 >>>>

（1）**呼吸性传染性支气管炎**　主要病变在鼻腔、气管和支气管内，可见有黄色半透明的浆液性、黏液性渗出物，甚至出血，病程稍长的，黏液会变为干酪样物质并形成栓子。

图1-6-4　喉头有干酪样阻塞物

图 1-6-5 气管严重出血

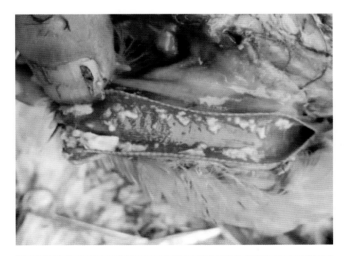

图 1-6-6 气管内有黏液和干酪样物

图1-6-7　气管内有硬固干酪样物

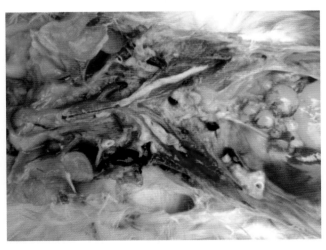

图1-6-8　支气管内有硬固堵塞物

（2）**肾型传染性支气管炎**　呼吸器官病变不是很明显，主要病变在肾脏。肾脏肿大、苍白，肾小管因尿酸盐沉积而扩张，肾脏呈花斑状，输尿管因尿酸盐沉积而变粗。心脏、肝脏表面有时有沉积的尿酸盐。

图 1-6-9　肾脏肿大有花斑

图 1-6-10　肾脏及输尿管有尿酸盐沉积

（3）**生殖型传染性支气管炎**　卵泡充血、出血、积液或萎缩呈暗灰色；有的输卵管大量积液，致使腹部膨满；有的输卵管一段短粗、一段狭窄；雏鸡感染本病后，输卵管会永久性受损。

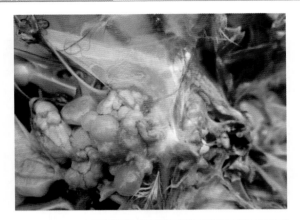

图1-6-11 卵泡萎缩呈暗灰色

图1-6-12 青年鸡卵泡积液

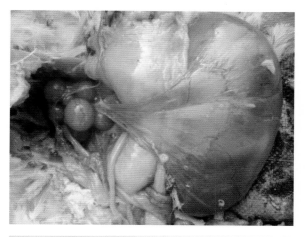

图1-6-13 产蛋鸡卵泡积液

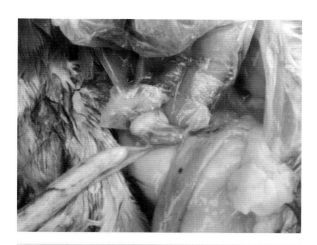

图1-6-14 输卵管一段突然变狭窄

【诊断要点】 >>>>

（1）临床特征 病鸡突然发病、快速传播、呼吸困难、高声鸣叫。

（2）剖检病变 气管有渗出物、气管堵塞、肾脏病变、生殖器官畸形。

【防控措施】>>>>

（1）预防 弱毒苗疫苗接种是目前预防传染性支气管炎的一项主要措施。

1）呼吸型传染性支气管炎。目前应用较为广泛的是 H120 株和 H52 株。H120 株对 14 日龄的雏鸡安全有效，免疫 3 周保护率达 90%；H52 株对 5 周龄以上的鸡是安全的。故常用程序为 H120 株于 7 日龄、H52 株于 30～45 日龄接种。H120 株多与新城疫毒株制成二联苗。

2）肾型和生殖型传染性支气管炎。由于毒株变异，单防呼吸型传染性支气管炎苗临床效果不好，因此要与肾型 491 株和生殖型 286 株联合应用。目前已有呼吸型、肾型、生殖型制成的传染性支气管炎三价弱毒苗应用于生产。

（2）治疗

1）呼吸型传染性支气管炎。治疗时多用中药及生物制品抗病毒药，为预防继发感染，可选择有效、适量的抗生素药物，添加到饮水中。

2）肾型传染性支气管炎。可用肾间质消炎药和排除尿酸盐药物。

3）生殖型传染性支气管炎。经确诊的病鸡可予以淘汰。

七、传染性喉气管炎

【简介】>>>>

鸡传染性喉气管炎是由传染性喉气管炎病毒引起鸡的一种急性、接触性上呼吸道传染病。其特征是病鸡呼吸困难、咳嗽和咯血。本病传播迅速，死亡率高，在我国大部分地区发生和流行，危害养鸡业的发展。

【病原与传播】 >>>>

鸡传染性喉气管炎病原属疱疹病毒Ⅰ型，病毒核酸为双股DNA，只有1个血清型。

由于毒株毒力存在差异，对鸡的致病力不同，给本病的控制带来一定困难，鸡群中常有带毒鸡存在，病愈鸡可带毒1年以上。

【临床症状】 >>>>

本病成年鸡多发，表现为特征性的呼吸道症状，如呼吸时发出湿性啰音，咳嗽，每次吸气时有头颈向前向上、张口吸气的姿势，有喘鸣叫声；咳出或甩出带血的黏液。若分泌物不能咳出时，病鸡可窒息死亡。

病鸡产蛋量迅速下降（降幅可达35%）或停止产蛋，康复后1～2个月才能恢复正常产蛋量。

最急性病例可于24h左右死亡，多数5～10天或更长，耐过者多经8～10天恢复，有的可成为带毒鸡。

毒力较弱的毒株引起发病时，流行比较缓和，病鸡症状较轻，只是产蛋量下降，有结膜炎、眶下窦炎、鼻炎及气管炎。病程长达1个月。

图 1-7-1 病鸡呼吸高度困难

图 1-7-2　病鸡咳喘，甩出血块

【病理变化】 >>>>

　　典型病变可见喉头、气管黏膜肿胀、出血和糜烂。气管内有黏液或含血黏液或血凝块，气管管腔变窄，患病 2～3 天后，气管有黄白色纤维素性干酪样伪膜。

图 1-7-3　喉头黏膜出血

图 1-7-4　喉头出血且有凝血块

图 1-7-5　喉头有大块干酪样堵塞物

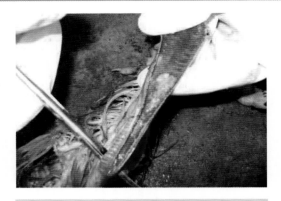

图 1-7-6　病鸡气管内有干酪样物

图 1-7-7　气管内的血凝块

【诊断要点】 >>>>

（1）**临床特征**　病鸡突然发病、迅速传播、异声怪叫、咯血、甩血。

（2）**剖检病变**　喉头及气管出血、凝血、有干酪样物质。

【防控措施】 >>>>

（1）**疫苗接种**　本病流行地区，可考虑接种鸡传染性喉气管炎弱毒疫苗免疫。预防用苗 1 羽份，35 日龄鸡只点眼、滴鼻，保护期为半年至一年。

没有本病流行的地区最好不用弱毒疫苗免疫，更不能用自然强毒接种，因其不仅可使本病疫源长期存在，还可能散布其他疫病。

（2）疫苗评价 无论进口还是国产疫苗都有着较好的免疫效果，但毒力普遍较强，接种后鸡只反应大，这些疫苗与强毒株一样也能导致持续感染，在鸡群间传播可使毒力返强，使免疫鸡群有可能成为潜在的传染源，引起疫情。故非疫区不建议使用活疫苗。在接种前后，可给鸡群投喂抗应激药物以减轻副反应。

实践发现新城疫、传染性支气管炎活疫苗免疫能够加强传染性喉气管炎副反应，故在免疫传染性喉气管炎活疫苗时应该注意与新城疫、传染性支气管炎活疫苗的时间间隔，最好在 1 周以上。

（3）治疗用药 应用抗病毒中药或生物制品，并用抗菌药物防止继发感染。

（4）建议淘汰康复鸡 病愈康复鸡不可和易感鸡混群饲养，耐过的在一段时间内仍带毒、排毒，所以最好将病愈鸡淘汰。

八、鸡 痘

【简介】 >>>>

鸡痘是蛋鸡的一种急性、接触性传染病，临床特征是在鸡的无毛或少毛的皮肤上发生痘疹，或在口腔、咽喉部黏膜形成纤维素性坏死性伪膜。本病在集体或大型养鸡场易造成流行，可使鸡只发烧、消瘦、生长缓慢、产蛋量下降。

【病原与传播】 >>>>

鸡痘病毒属于双股 DNA 病毒目，痘病毒科，禽痘病毒属。

夏、秋季多发；袭侵成年鸡及育成鸡；健康鸡与病鸡接触后易感染；蚊子与野鸟是本病的传播者；产蛋鸡感染后表现产蛋量暂时下降，而幼龄鸡感染后则会造成严重损失。

【病理变化】 >>>>

临床上常把鸡痘分为 3 种类型：

（1）皮肤型 在鸡冠、眼圈、口角、鼻孔周围、肉垂和体部无毛或少毛等部位，长有白色小泡疹，后变为黄色，最后转为棕黑色痂皮。此型鸡痘较普遍。

图1-8-1 鸡冠长满棕黑色鸡痘

图1-8-2 眼睑有棕黑色痘疹

图1-8-3 口角长满痘疹

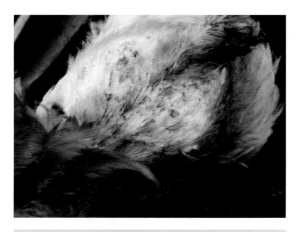

图1-8-4 背部皮肤上长满鸡痘

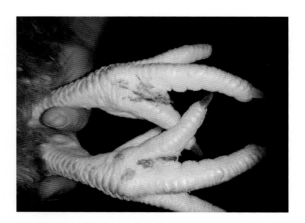

图 1-8-5　趾间部皮肤长有鸡痘

图 1-8-6　眼睑鸡痘，流泪

（2）**黏膜型** 口腔、喉头及气管黏膜长有痘疹，可引起鸡只呼吸困难、眼睑肿胀、流泪、口腔及舌头有黄白色溃疡或形成伪膜。病鸡患此型鸡痘死亡率较高。

图 1-8-7 喉头黏膜型鸡痘

图 1-8-8 气管黏膜型鸡痘结节

（3）**混合型** 当以上两种类型同时发生时，死亡率较高。

图 1-8-9　气管上部黏膜型鸡痘

【诊断要点】 >>>>

根据季节和发生的痘疹可快速确诊。

【防控措施】 >>>>

（1）**免疫接种痘苗**　实施翼膜穿刺法接种，适用于 7 日龄以上各种年龄的鸡。若鸡只处于发病高危地区，应尽量提早接种温和鸡痘疫苗（小痘），甚至在 1～2 日龄时即接种。6～12 周龄时须再次以沙氏鸡痘疫苗（大痘）补强接种。

将疫苗用冷开水稀释至 10～50 倍，用刺痘针（或钢笔尖）蘸取疫苗刺种在鸡翅膀内侧无血管处皮下。接种 7 天左右，刺中部位呈现红肿、起泡，以后逐渐干燥结痂而脱落，可免疫 5 个月。

图 1-8-10　正确的刺鸡方法

（2）**搞好环境卫生** 消灭蚊、蠓、鸡虱和鸡螨等传播媒介。及时隔离病鸡，彻底消毒场地和用具。

（3）**药物应用** 临床上常用抗病毒药 + 抗生素 + 退烧药拌料或饮水。

九、心包积液——肝炎综合征

【简介】 >>>>

鸡的心包积液——肝炎综合征最早于 1987 年发生在巴基斯坦，又称"安卡拉病"。我国于 2015 年大面积发生以蛋鸡为主的、以心包积液和肝炎为主要特征的突发性、致死性疾病。后经检测实验将此病定为禽腺病毒血清 4 型感染引发的安卡拉病。

此病使用药物治疗效果不佳，甚至越用化学药物死亡越多，有的死亡率高达 80%。既给养鸡业带来巨大损失，又给养鸡业者带来了一定心理恐慌。目前此病已在我国多个省份均有发生，但在临床防控上已摸索出一套较为完整和成功的方案，使蛋鸡安卡拉病目前有缓发趋势。

【病原与传播】 >>>>

鸡禽腺病毒分为 3 个群：即Ⅰ群、Ⅱ群、Ⅲ群 （或称 3 个亚型）。

传播方式主要是垂直传播和水平传播。病毒可经所有排出物传播，但在粪便中的滴度最高。因而此病主要因直接接触粪便而感染。鸡场之间由于人员、用具等污染物的往来而传播。

【临床症状】 >>>>

初期大群鸡突然出现死亡，而且死的多是看上去比较健康的鸡；接着鸡群出现减料；精神委顿的鸡缩脖、闭眼、炸毛，不吃料；排出黄绿色和白绿色稀便，并沾染肛门周围的羽毛；有的死鸡皮肤黄染。

图 1-9-1　排出黄绿色稀便

图 1-9-2　肛门周围羽毛沾染黄绿色稀便

【病理变化】 >>>>

　　剖检病鸡主要病变为肝脏肿大、发黄、黄染出血且易碎，心包积液、心肌变软、变黄；肺部瘀血、水肿；肾脏变黄、肿胀出血且有花斑。

图1-9-3 青年蛋鸡心包积液

图1-9-4 青年蛋鸡心包积液呈胶冻样

图1-9-5 产蛋鸡心包积液

图1-9-6 产蛋鸡心包积液，肝脏表面覆有纤维素膜

图 1-9-7　心肌变软

图 1-9-8　心肌变黄

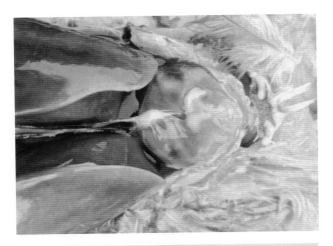

图 1-9-9　肝脏黄染

图 1-9-10　肝脏黄染、出血

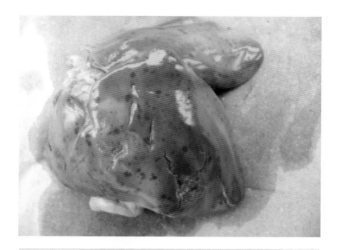

图 1-9-11　肝脏出血且易碎

图 1-9-12　肺部瘀血、水肿

图1-9-13　肾脏出血且有花斑

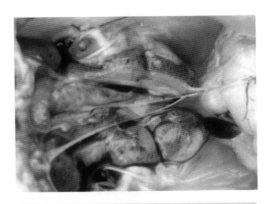

图1-9-14　肾脏肿胀、变黄

【诊断要点】 >>>>

（1）**临床特征**　病鸡突然发病且健者多发、排黄绿粪便、水料不减、精神尚可。

（2）**剖检病变**　肝脏病变特征为肝脏肿大、肝脏黄、肝脏出血、肝脏易碎。心脏、心包病变特征为心肌软、心脏积液、积液黄、积液黏。肺脏病变特征为肺瘀血、肺水肿、肺出血、肺坏死。肾脏病变特征为肾脏肿、肾脏黄、肾脏白、肾脏出血。

【防控措施】 >>>>

1）疫苗接种。农业部批准的腺病毒疫苗已经上市。

① 免疫程序：8 日龄免疫腺病毒苗 0.3mL，20 日龄再用 0.5mL。

② 免疫效果：经腺病毒疫苗免疫后，其抗体滴度 30 日龄达 4.3，50 日龄达 7.19，70 日龄达 6.88，90 日龄达 6.0，120 日龄达 4.95，150 日龄仍保持在 4.32。免疫效果非常理想。

2）要重视法氏囊苗的免疫。

3）发病后一定要避免人员内外流动，更不能串舍；粪便要及时清理，且要广泛消毒。

4）临床治疗。

① 原则：抗毒消炎、强心利尿、保肝解毒、对症治疗。

② 用药：首先选用高效精制抗体注射，4h 后即可控制病鸡的死亡现象，同时选择抗腺病毒效果好的药物，适量添加抗生素，大剂量应用保肝强心药物，连续应用 3 天，治疗效果较好。

十、传染性脑脊髓炎

【简介】 >>>>

鸡传染性脑脊髓炎是由禽脑脊髓炎病毒引起的一种以侵害幼禽中枢神经系统为特征的传染病。雏鸡群发病率和死亡率较高，成年鸡感染后产蛋量下降；种蛋出雏率降低。近几年对产蛋鸡养殖产业影响较大。

【病原与传播】 >>>>

鸡脑脊髓炎病毒是小 RNA 病毒科、肠道病毒属的一种，是单一血清型，对中枢神经有高度亲嗜性。

各种日龄的鸡均可感染，雏鸡极易感染。本病主要发生在冬、春季，冷应激是主因。本病既可经种蛋垂直传播，又可经粪便水平传播。

【临床症状】 >>>>

本病在易感雏鸡群中的发病率一般为 40%～60%，死亡率平均为 25%；成年鸡感染后产蛋量下降，种蛋出雏率降低。

雏鸡发病后的典型症状为头颈部下弯、神经性震颤、瘫痪、共济失调、腹胀，鸡爪挛缩、弯曲，以跗关节触地行走，多因无法饮食而衰竭死亡。

产蛋鸡群感染时临床症状不明显，主要表现出产蛋量急剧下降，蛋重减轻，蛋个头变小。一般经 15 天后产蛋量自然恢复。

图 1-10-1　头颈下弯呈角弓、腹胀

图 1-10-2　头部痉挛，跗关节接地

图1-10-3 翅膀下垂的神经症状

图1-10-4 鸡爪挛缩、弯曲

【病理变化】 >>>>

病理变化主要为非化脓性脑炎症。一般肉眼可见很不明显的剖检病变，自然发病的雏鸡仅能见到脑部的轻度出血，成年产蛋鸡卵泡萎缩，只见几个稍大的卵泡。

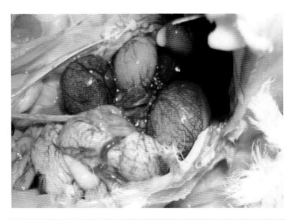

图 1-10-5　几个稍大卵泡

【诊断要点】 >>>>

（1）**临床特征**　雏鸡头颈震颤、产蛋鸡产蛋量急剧下降。

（2）**剖检病变**　雏鸡脑膜充血，蛋鸡仅见少量卵泡。

【防控措施】 >>>>

（1）**疫苗接种**　由于鸡传染性脑脊髓炎主要危害 3 周龄内的雏鸡，所以应主要对种鸡群进行免疫接种。较合适的免疫安排在 100～120 日龄，经饮水或滴眼，接种 1 次传染性脑脊髓炎弱毒疫苗和接种 1 次油乳剂灭活疫苗。

（2）**种鸡把关**　种鸡得了脑脊髓炎后，在种鸡产蛋量恢复正常之前，或自产蛋量下降之日算起，至少半个月以内的种蛋不得入孵，可作商品蛋处理。

（3）**药物应用**　鸡群发病后可适当投服一些提高和平衡免疫力的药物，以防止继发感染。

第二章　细菌性疾病

一、沙门氏菌病

【简介】 >>>>>

蛋鸡沙门氏菌病是由某些特定血清型沙门氏菌所引起的一类常见多发病的总称。本病对雏鸡危害严重，近几年在产蛋鸡场也时有发生。不仅严重危害蛋鸡健康，还给鸡场造成经济损失，而且污染的鸡蛋，对人类健康有较大危害。

【病原与传播】 >>>>>

鸡沙门氏菌是肠杆菌科的一属，该属细菌抗原结构复杂，血清型众多，我国已报道的血清型有240种以上，但主要分3类：鸡白痢沙门氏菌、鸡伤寒沙门氏杆菌和禽副伤寒沙门氏菌。沙门氏菌在自然条件下的抵抗力较强，能在鸡舍内生存2年。鸡沙门氏菌是胞内寄生菌，极易产生耐药性，当遇到抗菌药物的攻击时，可躲进动物体细胞内避开药物的追杀，使本病难以治愈，且病原难以消除。

鸡白痢沙门氏菌主要感染雏鸡，其感染途径除垂直传播外，孵化室内的感染也应引起重视，7日龄内的鸡只死亡率高。近几年本病有多发趋势，导致整个养鸡周期都受危害，严重影响产蛋率。

【临床症状】 >>>>>

临床上，引起发病较多的病菌是雏鸡白痢沙门氏菌和成年鸡伤寒沙门氏菌。

（1）鸡白痢　多见孵出的弱雏，2～7日龄鸡只症状明显，有的无症状死亡、怕冷、聚群、两翅下垂、啾啾呻吟；有的白色下痢、糊肛努责；有的腹部膨满、脐孔发炎等。

图 2-1-1　白痢糊肛

图 2-1-2　正常雏鸡肛门无粪便沾污

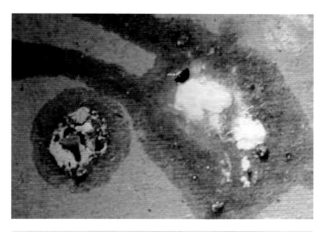

图 2-1-3 雏鸡排白色稀便

（2）**鸡伤寒** 成年鸡精神委顿，羽毛松乱；排黄绿色稀便，肛门周围羽毛被粪便沾污；鸡冠和肉垂贫血、苍白而皱缩、发育迟缓；发病初期个别鸡发病，很快波及全群，发病率达90%以上，7天左右鸡只死亡。

图 2-1-4 成年鸡排黄绿色稀便

图 2-1-5　鸡冠发育迟缓

【病理变化】>>>>>

(1) 雏鸡　常见卵黄巨大且吸收不良，腹部膨胀呈现绿色，有的卵泡变绿、变性，有的卵泡孵化期间即露出于腹腔之外；肝脏高度肿大，表面有许多针尖状、粟粒状的灰白色或灰黄色坏死点；脐孔收缩不良、发炎。

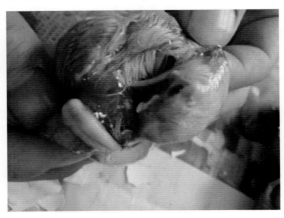

图 2-1-6　胚胎期间卵黄露出于腹腔之外

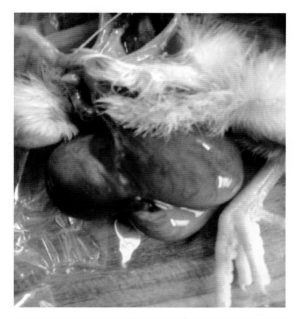

图 2-1-7 卵黄巨大且吸收不良

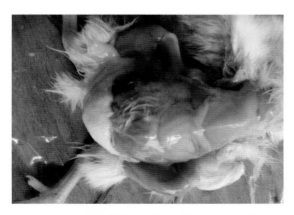

图 2-1-8 腹部膨胀呈现绿色

图 2-1-9　卵泡变绿、变性

图 2-1-10　脐孔收缩不良，卵黄露于腹腔外

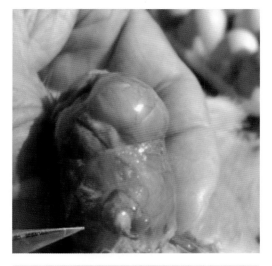

图 2-1-11 脐孔发炎

图 2-1-12 雏鸡肝脏肿大

（2）**成年鸡** 急性病例常无明显病变，亚急性、慢性病例则以肝脏肿大、呈绿褐色或青铜色为特征；肝脏有粟粒状白色坏死灶；心肌有灰白色肉芽肿；肺部有灰黄白色结节；直肠黏膜有白粒结节；卵泡充血、出血、变形及变色，并常因卵泡破裂引发腹膜炎。

图 2-1-13　成年鸡肝脏肿大

图 2-1-14　青年鸡肝脏出现白色坏死灶

图 2-1-15　成年鸡肝脏有粟粒状坏死灶

图 2-1-16　成年鸡肝脏呈轻度青铜色

图 2-1-17　成年鸡肝脏呈重度青铜色

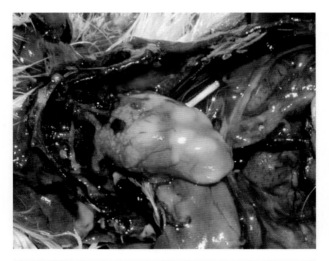

图 2-1-18　成年鸡心肌有灰白色肉芽肿

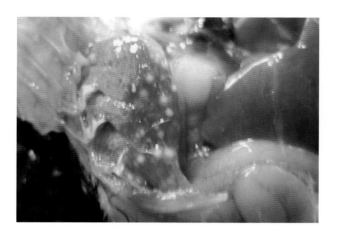

图 2-1-19　肺部有灰黄白色结节

图 2-1-20　直肠黏膜有白粒结节

图 2-1-21　卵泡破裂

【诊断要点】 >>>>>

（1）**临床特征**　白痢、糊肛、脐带炎。

（2）**剖检病变**　卵黄吸收不良、肝脏有白色坏死点。

【防控措施】 >>>>>

（1）**做好鸡群净化**　有条件的养殖场要坚持自繁自养，谨慎从外地引进种蛋。对健康种鸡群，每年春、秋两季要定期用血清凝集试验进行全面检测和不定期抽检；对 40 日龄以上的中雏，也可进行检测，以淘汰阳性鸡和可疑鸡。

（2）**加强饲养管理**　加强饲养管理，提高鸡只营养水平，做好鸡舍的环境卫生工作；若发现病鸡，要立即淘汰，或隔离消毒。生产实践证明：管理条件较好、生物安全措施完善的鸡场发病率明显偏低。

（3）**药物控制**　近年来，鸡沙门氏菌耐药性菌株明显增多，因此建议不要盲目用药，要根据药敏试验结果选择敏感药物，再及时投喂。临床选用中药和微生态制剂效果较好。

二、大肠杆菌病

【简介】 >>>>

鸡大肠杆菌病是由某些致病血清型或条件性致病大肠杆菌引起的不同疾病表现的总称。其症状表现复杂、药物治疗效果不佳、临床治疗棘手且鸡只病死率非常高，是对当前规模化蛋鸡场危害较大的主要疾病之一。

【病原与传播】 >>>>

大肠杆菌属肠道杆菌科的大肠埃希氏杆菌，简称大肠杆菌。由于其抗原构造不同，可分为 3 种类型，又形成了 100 余种完全不同的血清型。

大肠杆菌对环境的抵抗力强，在粪便、垫草、鸡舍内尘埃等处附着的菌体可长期存活。传播方式有经蛋、呼吸道、消化道感染等。

当机体免疫功能下降或患有其他疾病时，极易继发此病。

【临床症状】 >>>>

雏鸡在 6 ~ 10 日龄发病，病鸡精神沉郁，采食量减少，闭目发呆，缩颈，羽毛松乱，死亡率较高；成年鸡产蛋量下降，零星死亡，病程持续时间长；有的病鸡眼结膜发炎，流泪，混有气泡样分泌物；有的病鸡肛门凸出外翻，排黄白色或黄绿色黏稠稀便；有的病鸡出现轻微呼吸道症状，而急性者则呈败血症突然死亡。

图 2-2-1　患败血型大肠杆菌病的鸡突然死亡

图2-2-2　眼内有分泌物

【病理变化】 >>>>

剖检可见病理变化主要有败血症、气囊炎、肝周炎、心包炎、眼炎、肠炎、腹膜炎等。

病死鸡皮肤发紫；腹部膨满，腹水呈黄绿色，并伴有纤维素样物流出；气管内有黏液，气管环状出血，气囊混浊、增厚，附有大量片状黄白色干酪物；肝脏肿大、质脆，表面覆盖一层黄白色纤维性渗出物；心包炎，心包膜附有大量白色纤维素性渗出物，心肌有结节形成；肠内充满气体，肠壁变紫、变薄，肠黏膜脱落，有出血点或弥漫性出血斑；有的卵泡破裂，黏附在肠管浆膜面，形成卵黄性腹膜炎；有的卵黄凝固，在输卵管内形成栓塞。

图 2-2-3　轻度纤维素性心包炎

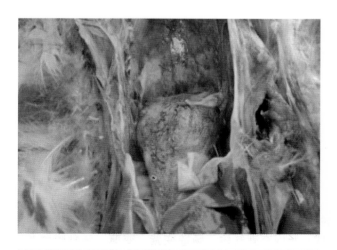

图 2-2-4　中度纤维素性心包炎

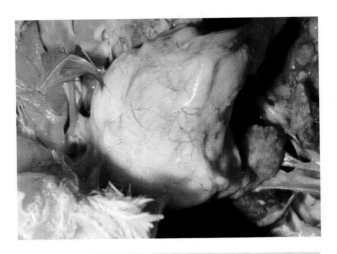

图 2-2-5　重度纤维素性心包炎

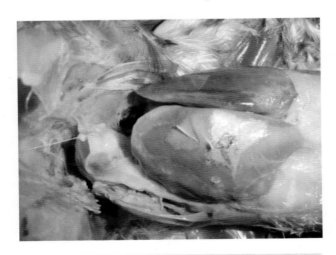

图 2-2-6　肝脏有少量纤维素性渗出物

图 2-2-7 肝脏有大量纤维素性渗出物

图 2-2-8 肝脏有黄色纤维素性渗出物

图 2-2-9 肝脏肿大，有黄白色纤维性渗出物

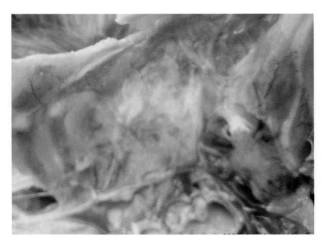

图 2-2-10 胸气囊炎

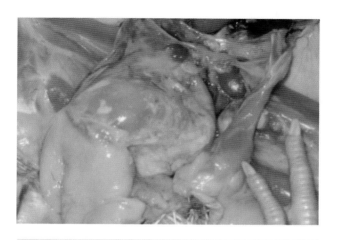

图 2-2-11 腹气囊炎

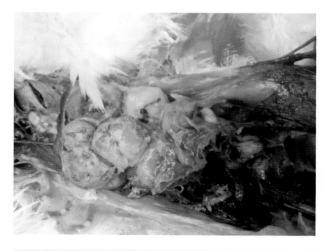

图 2-2-12 卵泡黏连

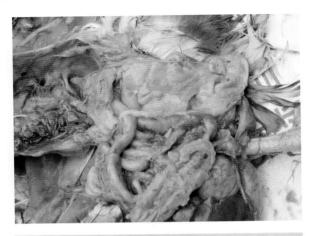

图 2-2-13　腹膜炎

图 2-2-14　心肌有大量结节

【诊断要点】 >>>>

（1）**临床特征**　病鸡腹部膨满、排黄绿色稀便。

（2）**剖检病变**　心包炎、肝周炎、气囊炎。

【防控措施】 >>>>>

（1）**检测饮用水** 各鸡场应经常检测鸡场饮用水中的大肠杆菌是否超标，以便及时采取措施。

（2）**微生态制剂的应用** 在饲料中可定期拌入微生态制剂，以调节并维持肠道菌群平衡。除有调理肠道功能、助消化外，对大肠杆菌病的发生有很好的抑制作用。

（3）**加强管理** 注意鸡舍内温度、消毒和通风管理，降低舍内氨气浓度，也是预防本病的关键措施。

（4）**自制菌苗注射** 选取典型菌落进行增殖培养，按常规法制成自家菌苗，经试验无不良反应后，可全群注射，每只 1mL，间隔 7 天再加强免疫 1 次。

（5）**选用敏感抗生素** 大肠杆菌对抗菌药物极易产生耐药性，必须在做药敏试验的前提下，选用敏感抗菌药物。

三、传染性鼻炎

【简介】 >>>>>

传染性鼻炎是由鸡副嗜血杆菌引起鸡的一种急性和亚急性呼吸道疾病。传播速度很快，24h 内可传遍全群，控制不好则 3～5 天可传染全场。如继发其他细菌性疾病或与病毒病混合感染，其死亡率在 3%～20% 之间。产蛋鸡群发病则产蛋量明显下降。

【病原与传播】 >>>>>

鸡副嗜血杆菌分为 A、B、C 3 个血清型，兼性厌氧。通过生长特性实验发现：C 型菌的持续感染能力最强，B 型菌次之，A 型菌最弱。不同血清型的鸡副嗜血杆菌在生长特性、致病性、药物敏感性和外膜蛋白方面有着非常大的差异。

本病发生与否仍有一定的区域性，在一定范围内发病率较高，但在没有鼻炎污染的地区近年来也有发生的趋势；以往只有 A、C 型污染最严重的区域，而现在 A、B、C 3 个血清型的分离率都比较高，且 B 型的分离率越来越高。

各种年龄的鸡均易感，其中 4 周龄以上的育成鸡以及产蛋鸡的敏感性较高，而 1 周龄以下的雏鸡通常对本病具有一定的抵抗力；秋、冬寒冷季节本病容易发生；病鸡和隐性带菌鸡是主要传染源，且通过呼吸道和消化道排泄物进行传播。

【临床症状】 >>>>

主要特征是病鸡鼻黏膜发炎，双侧鼻窦肿胀，喷嚏、甩鼻、鼻腔流出清亮液体、后转为白色脓性鼻涕，鼻孔周围沾有料渣，肉垂水肿眼睛流泪、眼圈肿胀，眼睛内陷，结膜炎、眶下窦炎，部分蛋鸡眼睛失明，严重病例出现眶下窦肿胀。另外，病鸡有个别呼吸困难，排绿色稀便。

传染性鼻炎一旦发生，危害极其严重，鸡场内所有的鸡只几乎很难幸免，本病治疗难度极大，往往要 2~3 个疗程，且极易反复；在治疗的过程中，病鸡往往因继发感染而出现批量死亡。

图 2-3-1　鼻腔流出液体

图 2-3-2 鼻孔沾有料渣

图 2-3-3 鼻孔流出黏稠液体

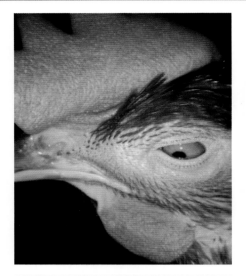

图 2-3-4　鼻孔流出黏稠液体，眼角拉长

图 2-3-5　眼圈高度肿胀

图 2-3-6 眼圈肿胀、眼睛内陷

图 2-3-7 结膜炎导致眼睑闭合

图2-3-8　结膜炎、眶下窦炎

图2-3-9　双侧鼻窦肿胀、凸出

图 2-3-10　鼻孔结痂，肿窦，肉垂水肿

【病理变化】 >>>>

　　鼻腔和窦黏膜有急性卡他性炎症，黏膜充血、肿胀，表面覆有黏液，窦腔内有纤维素性渗出，后期变为干酪样；眼睑下积有大量暗紫色胶冻样物，卵泡充血、出血、变性等。

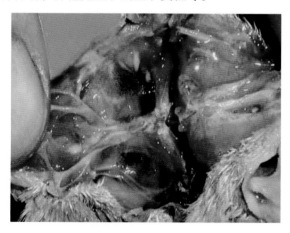

图 2-3-11　窦黏膜肿胀、出血

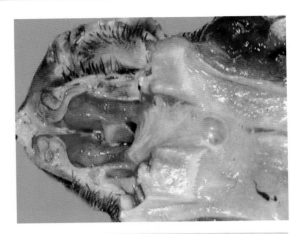

图 2-3-12 窦腔内有纤维素性分泌物

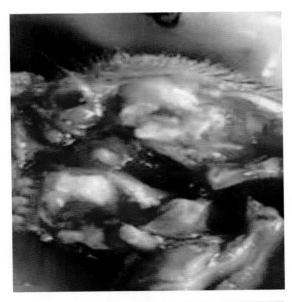

图 2-3-13 窦腔内有干酪样物

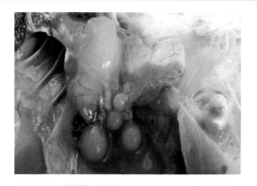

图2-3-14 卵泡变性

【诊断要点】 >>>>

（1）**临床特征** 病鸡流鼻液、打喷嚏、颜面肿胀。

（2）**剖检病变** 鼻黏膜出血、鼻窦炎症。

【防控措施】 >>>>

1）定期消毒以减少环境内的病原，做好舍内环境控制。

2）用鼻炎三价疫苗进行有效的免疫接种，建议在蛋鸡开产前做2次免疫。首免在6~7周龄进行，0.3~0.5mL/羽，皮下注射；二免在14~15周龄进行，0.5~0.6mL/羽，皮下注射。在尾部背侧皮下注射时吸收最好。

鸡群产蛋以后应避免再注射鼻炎疫苗，这对于蛋鸡养殖很重要，否则会影响3%左右的产蛋率，以免造成不必要的损失。

3）磺胺类或氨基糖苷类药物拌料或饮水，效果较好，若注射则效果明显。

四、葡萄球菌病

【简介】 >>>>

葡萄球菌病主要是由金黄色葡萄球菌引起鸡的一种急性或慢性

传染病，在临床上常表现多种类型，如关节炎、腱鞘炎、脚垫肿、脐炎和葡萄球菌性败血症等，给养鸡业造成了较大的损失。

【病原与传播】 >>>>

鸡葡萄球菌病的致病菌是金黄色葡萄球菌，革兰氏阳性菌。典型的葡萄球菌为圆形或卵圆形，常单个、成对或葡萄状排列，广泛存在于自然界，以及粪便、眼睑、黏膜、肠道和鸡的表皮上。当皮肤黏膜受损后，多易感染发病。

致病力较强的为其毒素和毒性酶，如皮肤坏死毒素、肠毒素、溶血素、杀白细胞毒素、血浆凝固酶、溶纤维蛋白酶、核酸酶等；对抗生素易产生耐药性。

鸡葡萄球菌病多发于每年的4~5月；产蛋期母鸡较为敏感。在断喙、啄叮、接种、注射、外伤时极易感染发病。

【临床症状】 >>>>

（1）葡萄球菌败血症 病鸡死前没有特征性临床症状，体表皮

图2-4-1　病鸡冠尖发紫

肤多见湿润、水肿，相应部位的羽毛潮湿、易脱落，颜色呈青紫色或深紫红色，皮下多蓄积渗出液，触之有波动感。有时仅见翅膀内侧、翅尖、跗关节或尾部皮肤形成大小不等的出血、糜烂和炎性坏死，局部皮肤干燥呈红色或暗紫红色，无毛。

图 2-4-2　跗关节上方部分渗血、出血

图 2-4-3　翅膀皮肤轻度瘀血

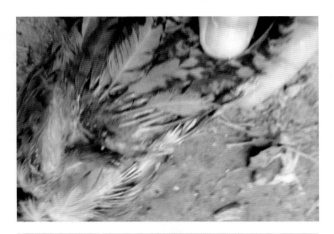

图2-4-4 翅膀皮肤轻度出血

图2-4-5 翅膀皮肤重度渗血、出血

（2）**葡萄球菌型关节炎** 多发生于育成阶段的鸡，常见跗关节肿胀，病鸡跛行、喜卧、局部有热痛感。临床上还可见浮肿性皮炎、胸囊肿、脚垫、趾间、肿胀、溃烂等。

图 2-4-6　跗关节肿胀，有皮肤瘤

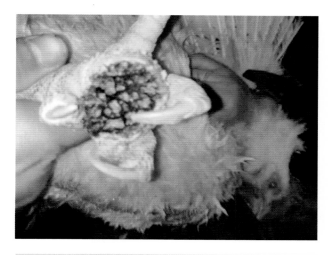

图 2-4-7　脚垫溃烂、坏死

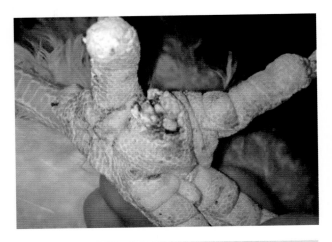

图 2-4-8　脚垫溃烂、出血

图 2-4-9　趾间溃烂

图 2-4-10　趾间及趾腹侧多处长瘤并溃烂

图 2-4-11　跗关节及腱鞘肿胀

【病理变化】 >>>>

　　病鸡胸、腹或大腿内侧皮下有较多的红黄色渗出液，或呈胶冻样；肝脏有出血斑、并黄染，鸡只死亡率较高。

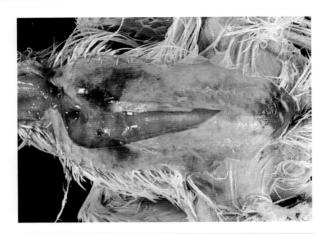

图 2-4-12　皮下有红黄色渗出液

图 2-4-13　肝脏有出血斑

【诊断要点】　>>>>

（1）**临床特征**　病鸡翅膀烂、皮肤烂、关节肿、眼发炎。

（2）**剖检病变** 皮下渗出、肝脏出血。

【**防控措施**】 >>>>

（1）**谨慎操作** 本病主要因细菌进入损伤的皮肤而造成感染，因此，在断喙、刺种、肌内注射等工作时，要提前做好消毒工作，防止细菌经伤口侵入。

（2）**防止刺伤** 在搬鸡、捉鸡、人工授精时要轻捉轻放，检查笼具防止刺伤发生。

（3）**及时治疗** 一旦发病，要根据药敏实验结果选择对阳性菌高敏的药物进行治疗。

（4）**免疫接种疫苗** 国内研制的鸡葡萄球菌多价氢氧化铝灭活苗，可有效地预防本病的发生。

五、溃疡性肠炎

【**简介**】 >>>>

蛋鸡溃疡性肠炎是由梭状芽胞杆菌引起的鸡和鹌鹑的一种细菌性疾病。本病特征为鸡只突然发病和迅速大量死亡，分布广泛，是对蛋鸡养殖危害性较大疾病之一。

【**病原与传播**】 >>>>

本病病原是大肠梭状芽胞杆菌（又称肠梭菌），革兰氏阳性菌，有芽胞。

本病主要通过粪便传播，消化道感染。4~19周龄鸡只较易感；常与球虫并发，或继发于球虫病。

【**临床症状**】 >>>>

病死鸡几乎无明显症状，个别鸡精神委顿，嗉囊充盈，排白色水样稀便，最后消瘦而死亡。病鸡零星死亡，病程较长时，死亡率为2%~10%。

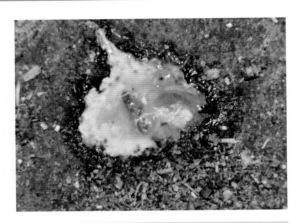

图 2-5-1　排白色水样稀便

【病理变化】 >>>>

　　本病的特征病变在肠道，主要是十二指肠有明显的出血性炎症，肠壁增厚，在浆膜面和黏膜面均可见到出血点或出血斑；空肠和回肠黏膜上有散在的枣核状溃疡灶或干酪样物；肠黏膜增厚，颜色变浅呈灰白色，麸皮样，易剥离。

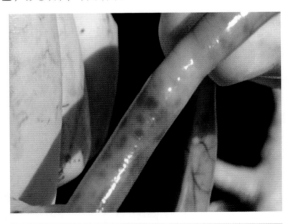

图 2-5-2　浆膜面可见清晰出血斑

126

图 2-5-3 浆膜面可见密集出血点

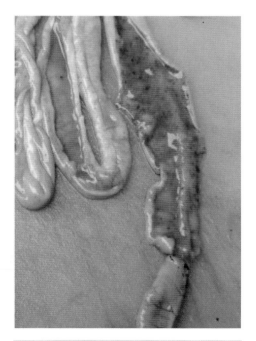

图 2-5-4 黏膜弥漫性出血点

图 2-5-5　黏膜粗糙，有弥漫性出血点

图 2-5-6　黏膜有斑块状出血溃疡

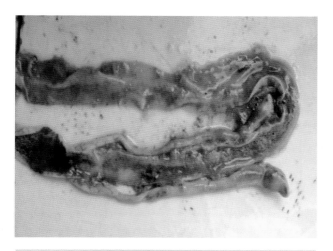

图 2-5-7　黏膜溃疡有麸皮样物

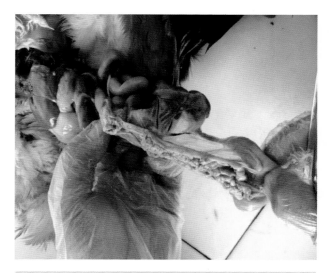

图 2-5-8　肠内有大量干酪样物

图 2-5-9　肠管扩张，黏膜溃疡

【诊断要点】>>>>

（1）**临床特征**　病鸡排白色水样便、零星死亡。

（2）**剖检病变**　浆膜有出血点、黏膜有溃疡灶。

【防控措施】>>>>

1）定期消毒。搞好定期消毒工作和控制好球虫病的发生，对预防本病有积极的作用。

2）治疗用药。选用高敏药物非常关键。如有的病鸡对链霉素、恩诺沙星非常敏感，而对青霉素反而不敏感，所以必须要做药敏试验。高敏药物采用拌料、饮水、注射均可。

3）注重微生态制剂的应用。

六、坏死性肠炎

【简介】>>>>

蛋鸡坏死性肠炎是由魏氏梭菌引起的一种散发型疾病，对产蛋鸡影响较大。由于本病发生越来越普遍，已被列为当今影响蛋鸡养殖最重要的疾病之一。

【病原与传播】 >>>>

病原为 A 型产气荚膜梭状芽孢杆菌，又称魏氏梭菌，革兰氏阳性菌，有芽孢。在机体内能形成荚膜，是本菌的重要特点，但没有鞭毛，不能运动。

本菌能形成芽孢，是一种厌氧菌，因此对外界环境有很强的抵抗力。本病是由产气荚膜梭菌产生的毒素引起的。这种毒素不易被饲料生产的高温杀死，在垫料，粪便和养殖设施中很常见。正常情况下，产气荚膜梭菌被有益细菌群所抑制，数量很少；在生存环境对其有利时，则会大量增殖而致病。

A 型魏氏梭菌产生的 α 毒素和 C 型魏氏梭菌产生的 α、β 毒素，是引起感染鸡肠黏膜坏死这一特征性病变的直接原因。这两种毒素均可在感染鸡的粪便中发现。除此之外，本菌还可产生溶纤维蛋白酶、透明质酸酶、胶原酶和 DNA 酶等，这些物质可导致机体组织的分解、坏死、产气、水肿及全身中毒。

肠黏膜损伤、滥用抗生素以及污染环境中魏氏梭菌的增多等都可引发本病。一旦梭菌开始产生毒素，就启动了一个恶性循环：毒素损害肠道黏膜细胞，使肠道不能正常吸收营养，未消化的饲料在肠道中增加，肠道环境中氧气含量减少，更有利于梭状芽孢杆菌的增长。

【临床症状】 >>>>

后备鸡和产蛋鸡常发生坏死性肠炎。可见病鸡精神沉郁，食欲减退，不愿走动，羽毛蓬乱；排出棕红色粪便、鱼肠子粪便，类似球虫病或肠毒症，但按其治疗用药无效果；本病病程较短，病鸡常呈急性死亡。

图 2-6-1　病鸡群排出棕红色粪便

【**病理变化**】 >>>>

　　病变主要在小肠后段，尤其是回肠和空肠部分。肠壁脆弱、扩张、肠内充满气体，且有黑褐色肠内容物；肠黏膜上有稀疏或致密的出血点，有的附有黄色或绿色的伪膜；随病程进展表现，严重的有纤维素性坏死，似麦麸样附着在黏膜上。

图 2-6-2　空肠呈黑褐色

图 2-6-3　外观空肠内有绿色伪膜

图 2-6-4　肠壁扩张，内有气体

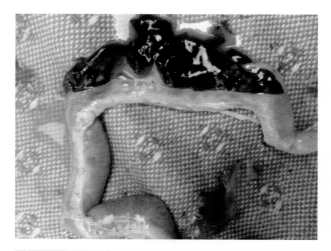

图 2-6-5　切开肠壁，内有血凝块

图 2-6-6　回肠臌气、扩张

图 2-6-7　肠黏膜上有棕红色麦麸样渗出物

【诊断要点】 >>>>

（1）**临床特征**　病鸡零星死亡、排棕红色粪便。

（2）**剖检病变**　空、回肠臌气、内有血样或麸皮样物。

【防治措施】 >>>>

（1）**预防**　主要是加强饲养管理和环境卫生管理，定期消毒，合理贮藏饲料，减少其被细菌污染，可有效预防和减少球虫和本病的发生。

（2）**治疗**　通过饮水或混饲给予有效的抗生素，此法具有良好的预防和治疗效果，临床上常用的抗菌药物有：杆菌肽、土霉素、青霉素、泰乐菌素和林可霉素等。

关于球虫病与坏死性肠炎的相互影响得到了详细研究：球虫刺激鸡肠道黏液产生，有利于产气荚膜杆菌的增殖。因此在治疗本病时，一定要注意球虫病的用药。

七、败血型支原体病

【简介】 >>>>

鸡败血型支原体病，是由支原体（霉形体）引起的一种呼吸道疾病，又称慢性呼吸道病。其病程较长，发展较慢，主要特征为病鸡呼吸喘鸣音、咳嗽、鼻漏及气囊炎等。本病是蛋鸡养殖业中的常见疾病。

【病原与传播】 >>>>

支原体又称霉形体，为目前发现的最小的、最简单的原核生物，是一种类似细菌但又不具有细胞壁的原核微生物。革兰氏染色为弱阴性，需氧和兼性厌氧，有血凝性。

支原体具有 3 层结构的细胞膜，故有较大的可变性。这种细胞内含有 DNA、RNA 和多种蛋白质，包括上百种酶。支原体可以在特殊的培养基上接种生长。

蛋鸡以 4~8 周龄时最易感，成年鸡常为隐性感染。本病主要通过污染的饲料、饮水或病鸡呼吸道排泄物等直接接触传播，带菌种蛋的垂直传播也是重要的途径。单纯感染本病，其流行缓慢，发病不严重，但若饲养环境不良以及新城疫疫苗免疫的刺激等，可加重本病的发生与流行；本病一年四季均可发生，但以气温多变和寒冷季节时发生较多。

【临床症状】 >>>>

本病在临床上具有发病快、传播迅速、病程较长的特点。病初病鸡出现呼吸道症状，流出水样鼻液，常有甩头动作，当鼻液变稠时呼吸不畅，常张口呼吸；中期咳嗽，打喷嚏；后期眼睑肿胀，一侧或两侧眼结膜发炎，流泪，严重的眼睑闭合，眼内有黄白色豆渣样渗出物；有的表现眶下窦肿胀。

雏鸡生长缓慢，成年鸡常呈隐性感染，蛋鸡产蛋量下降，产软壳蛋的比例增加，种蛋孵化率明显降低，弱雏率增加。

图 2-7-1 眼睑闭合

图 2-7-2 双侧眶下窦肿胀

【病理变化】 >>>>

剖检病鸡可见气管有黏液性渗出物，黏膜增厚；气囊混浊，早期腹气囊或腹腔有泡沫产生，继之便有干酪样物或灰黄色结节。

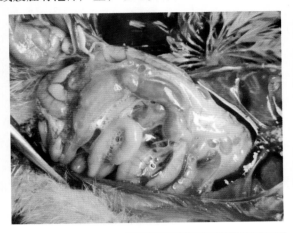

图2-7-3　腹腔内有泡沫

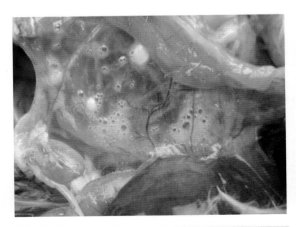

图2-7-4　腹气囊有黄色泡沫

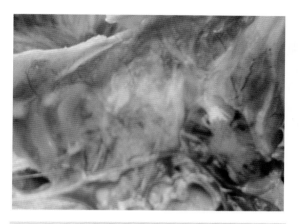

图 2-7-5 胸气囊有黄色干酪样物

图 2-7-6 气管内有黏液性渗出物

【诊断要点】 >>>>

（1）**临床特征** 病鸡肿眼肿窦、呼吸困难。

（2）**病理变化** 胸、腹气囊炎，腹腔有泡沫。

【防控措施】 >>>>

1）做好保温和通风工作，保持鸡舍内空气清洁。

2）定期消毒。

3）治疗。可选用的抗支原体药物范围很广，应用时必须做药敏试验。临床常用的有：多西环素、氟苯尼考、土霉素、泰乐菌素、替米考星、泰妙菌素和泰万菌素等。

八、滑膜型支原体病

【简介】 >>>>

滑膜型支原体能引起关节及其他多处滑膜的炎症，伴有亚临床型的上呼吸道感染。近 2 年此病呈蔓延趋势，病程较长，治疗难度较大，导致雏鸡死淘率增高。病鸡发育迟缓，产蛋量下降，饲料转化率低，成为养鸡场重要疫病之一。

【病原与传播】 >>>>

滑膜型支原体同是一种缺乏细胞壁的微小的原核微生物，对外界抵抗力不强，离体后很快失去活力，一般的消毒药能迅速将其杀死，但体内的支原体却不易被清除。

支原体病主要是通过蛋垂直传播，也可水平传播；四季都可发生，以寒冷季节发病较重；各种日龄的鸡只都可感染，以 1~2 月龄鸡只最易感；各种应激因素常促使本病急性暴发并引起较高的死亡率。

【临床症状】 >>>>

病鸡跛行、喜卧，跗关节、趾关节、腱鞘及爪垫肿胀、发青，手触有波动感和热感；胸部、眼睑皮下黏液囊肿胀、化脓；急性病鸡粪便内含有尿酸盐。病鸡不能正常采食和饮水，导致机体脱水与消瘦。

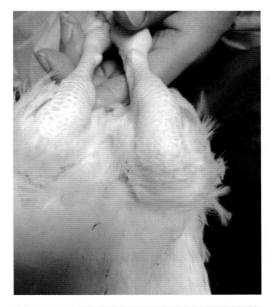

图 2-8-1　跗关节及腱鞘肿胀

图 2-8-2　跗关节肿胀、发青

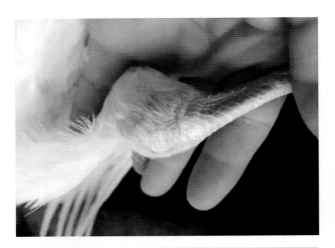

图 2-8-3　跗关节高度肿胀

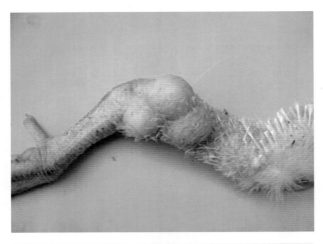

图 2-8-4　跗关节及上部腱鞘肿胀

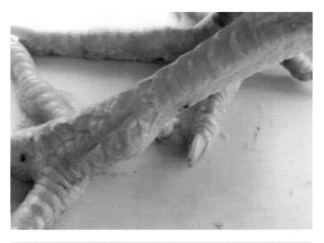

图 2-8-5 跖骨下端腱鞘肿胀

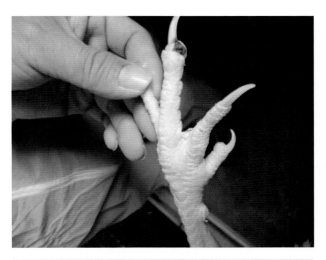

图 2-8-6 趾关节肿胀、发青

图 2-8-7 趾关节肿胀

图 2-8-8 趾部腱鞘肿胀

图 2-8-9 趾爪部肿胀、发青

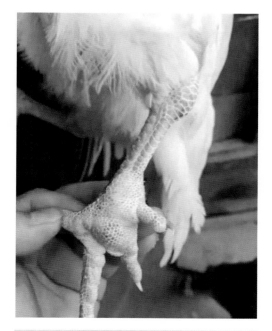

图 2-8-10 趾垫肿胀

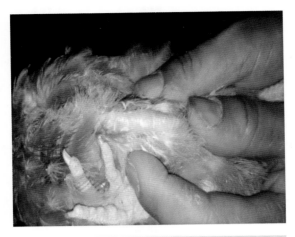

图 2-8-11　胸部皮下黏液囊肿胀

图 2-8-12　眼睑上方黏液囊高度肿胀

【病理变化】 >>>>

　　剖检关节、腱鞘及黏液囊内水肿，早期为黏稠、灰白渗出物；中期为胶冻样黄白渗出物；后期为黄色干酪样物。肝脏、脾脏肿大，肾脏肿大苍白呈花斑状。

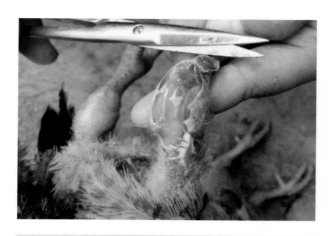

图 2-8-13　跗关节皮下有纤维素性渗出物

图 2-8-14　关节内有纤维素性渗出物

图 2-8-15　腱鞘高度水肿

图 2-8-16　关节内有干酪样物形成

图 2-8-17 切开肿胀的腱鞘，有胶冻样渗出物

图 2-8-18 爪垫切开水肿，见干酪样物

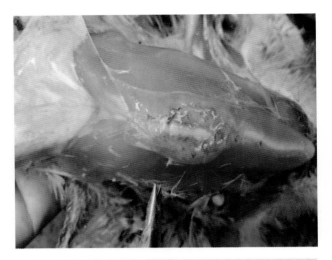

图 2-8-19 胸部皮下黏液囊肿胀、出血

图 2-8-20 黏液囊形成多个肿胀

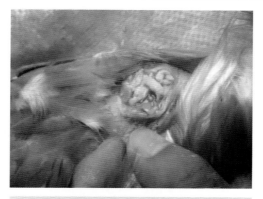

图 2-8-21　切开黏液囊见干酪样物

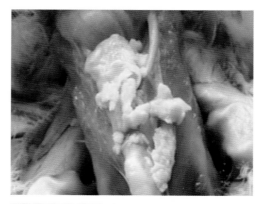

图 2-8-22　严重的化脓性黏液囊炎

【诊断要点】 >>>>>

（1）**临床特征**　病鸡跗、趾关节肿胀，腱鞘及黏液囊肿胀。

（2）**病理变化**　滑膜出血、渗出、干酪样物形成。

【防控措施】 >>>>>

（1）**注重卫生**　注重鸡舍内环境卫生，适时通风换气，保持鸡舍内空气清新。

（2）**注重引种**　抗生素只能抑制支原体在机体内的活力，单靠药物不能消灭本病。病鸡痊愈后都带菌，还可通过蛋传垂直感染，一旦发生本病即很难根除。因此应高度注重引种工作，从无病鸡场引种。加强消毒工作，切断传染病源。

（3）及时淘汰阳性鸡 由于种蛋带菌，建议：可对孵出的 1 日龄雏鸡用抗生素滴鼻，3 ~ 4 周龄时再重复 1 次。在 2、4、6 月龄时进行血清学检查，及时淘汰阳性鸡，将无病鸡群隔离饲养作种用，并对其后代继续观察。

（4）合理用药 多种抗菌药物都有不同程度的效果。建议应用高含量的泰万菌素、泰妙菌素、多西环素、氟苯尼考、替米考星等，雏鸡 14 日龄即可用药，每次用药 5 ~ 7 天，间隔 1 周后再用药 5 ~ 7 天；70 日龄左右在用药 1 次。应轮换或联合用药。

九、禽 霍 乱

【简介】 >>>>

禽霍乱是一种侵害家禽和野禽的接触性疾病，又名禽巴氏杆菌病、禽出血性败血症。常呈现败血性症状，发病率和死亡率很高，但也有慢性或良性经过。禽霍乱病对产蛋鸡危害很大，应引起高度重视。

【病原与传播】 >>>>

蛋鸡禽霍乱病的病原体是巴氏杆菌，革兰氏阴性菌，为需氧兼性厌氧菌。巴氏杆菌又分为溶血性巴氏杆菌、多杀性巴氏杆菌病，并有 4 种不同的免疫学特性。

本病对各种家禽，如鸡、鸭、鹅、火鸡等都有易感性，但鹅易感性较差；产蛋鸡群多发，16 周龄以下的鸡不易感；应激因素可使鸡对禽霍乱的易感性提高。

鸡群通过病鸡口腔、鼻腔和眼结膜的分泌物进行传播，这些分泌物污染的是饲料和饮水。粪便中很少含有活的巴氏杆菌。

【临床症状】 >>>>

鸡群突然发病，病鸡羽毛蓬松、缩颈闭目、排出黄白色或黄绿色稀便，产蛋量急剧下降。鸡冠和肉垂发紫、一侧或两侧肉垂肿大；慢性病鸡主要见关节肿胀变形。

用药后病情很快控制，但停药后会复发。

图 2-9-1　病鸡冠尖发紫

图 2-9-2　闭眼缩颈，肉垂肿胀

图2-9-3　关节肿胀、变形

图2-9-4　排黄绿色稀便

【病理变化】 >>>>

　　剖检可见肝脏肿大、有弥漫性较密集的白色针尖状坏死点、心脏扩张、心肌内膜出血；肺部出血；肠道出血，肠内容物含有血液；卵泡充血、出血。

图 2-9-5　肝脏肿大，有针尖状白色坏死点

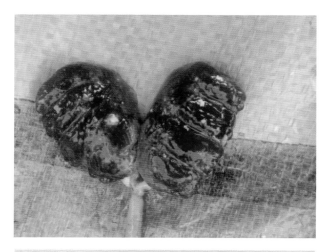

图 2-9-6　肺部严重出血

图2-9-7 心脏明显扩张

图2-9-8 心肌内膜出血

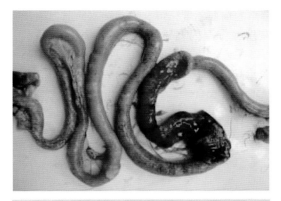

图2-9-9 空肠黏膜严重出血

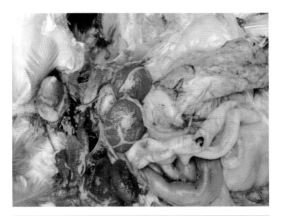

图2-9-10 卵泡充血、出血

【诊断要点】 >>>>

（1）**临床特征** 病鸡突然死亡、冠垂发紫、剧烈下痢。

（2）**剖检病变** 肝脏出现针尖状白色坏死点。

【防控措施】 >>>>

（1）**环境控制** 严格执行鸡场兽医卫生防疫措施，以栋舍为单位采取全进全出的饲养制度，可有效预防本病的发生。

（2）疫苗接种 国内有较好的禽霍乱蜂胶灭活苗，安全可靠，易于注射，不影响产蛋，无毒副作用。

（3）紧急治疗 针对革兰氏阴性菌选择高敏抗菌药物，饮水或注射，用量充足，疗程合理；当鸡只死亡明显减少后，再继续拌料投药1周，防止复发。

十、弧菌性肝炎

【简介】 >>>>

蛋鸡弧菌性肝炎是由弯曲杆菌引起的细菌性传染病。本病发生缓慢，以肝脏出血、坏死性肝炎伴有脂肪浸润为主要特征。本病发病率高但死亡率较低。近几年开产期的蛋鸡多发。

【病原与传播】 >>>>

本病原为弧菌科、弧菌属，革兰氏阴性菌，弯曲细长呈弧形或逗点状的小杆菌；兼性厌氧，菌体刚硬，无芽孢和荚膜；运动非常活泼，呈穿梭或流星样，在一定条件下可产生鞭毛。

病鸡和带菌鸡是主要传染源，病菌通过粪便污染周围环境，经消化道感染健康鸡，多为散发或地方性流行。

幼雏发病较多见，但近几年主要侵害开产蛋鸡；病原体长期污染饮水和饲料，是本病诱发的主要原因；应激因素，特别是温差过大极易诱发本病。

【临床症状】 >>>>

病鸡沉郁、鸡冠萎缩、呆立不动；食欲减退，喜饮水；剧烈腹泻，排奶油样、黄褐色糊状继而水样粪便；产蛋量下降，软皮蛋、沙皮蛋增多；零星死亡。全群死亡率约1%。

图 2-10-1 鸡冠萎缩

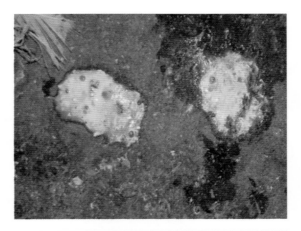

图 2-10-2 排奶油样黄褐色粪便

【病理变化】 >>>>>

    病变特征是肝脏肿大、有大小不一的星状、条状黄白色坏死灶；肝脏包膜有不规则出血，有的包膜下有血肿；心脏扩张、心肌混浊；卵巢变性，有的卵泡破裂，死鸡的子宫内有完整的鸡蛋。

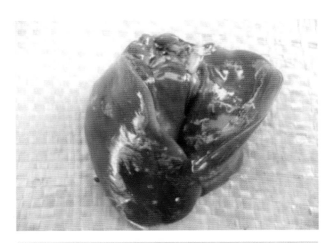

图 2-10-3　肝脏有星状白色坏死灶

图 2-10-4　肝脏有白色条状坏死灶

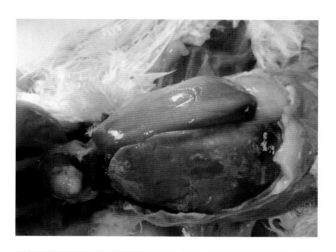

图 2-10-5 肝包膜下出血，脂肪浸润

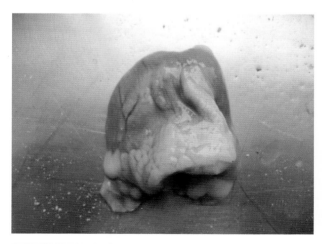

图 2-10-6 心肌混浊

图 2-10-7　子宫内存有完整的鸡蛋

【诊断要点】 >>>>

（1）**临床特征**　病鸡鸡冠萎缩、排奶油样粪便、零星死亡。

（2）**剖检病变**　肝脏有星状、弯曲、白色坏死点。

（3）**实验室检查**　弯杆菌为呈 S 形或逗点状的红色杆菌。

【防控措施】 >>>>

1）注重消毒，搞好卫生，加强饲养管理，减少应激因素。

2）治疗用药。经药敏试验，选择敏感的抗菌药物，饮水 3～4 天。

第三章　寄生虫疾病

一、球　虫　病

【简介】 >>>>

蛋鸡球虫病是分布很广的一种原虫病，各地普遍发生。以往总认为球虫对雏鸡危害较大，现在发现球虫对成鸡也有很严重的致病性，死亡率很高，严重影响蛋鸡养殖业的发展，在实际生产中应给予高度重视。

【病原与传播】 >>>>

鸡球虫主要由艾美耳属球虫中的 9 种球虫寄生于鸡肠管上皮细胞所致。

柔嫩型寄生于盲肠；堆型、哈氏、变位、和缓和早熟型寄生于小肠前段；巨型和毒害型寄生于小肠中段；布氏型寄生于小肠后段、直肠和盲肠近端部。

球虫的发育分 3 个阶段，即无性繁殖、有性繁殖和孢子生殖（在体外进行）。鸡采食了被孢子卵囊污染的饲料或饮水后即被感染。在病菌繁殖过程中，球虫孢子会反复多次损伤肠黏膜。

病鸡和球虫携带者是发病群体的根源，消化道是本病唯一感染的途径。鸡只缺乏维生素、圈舍潮湿、空气质量差、过于拥挤、环境卫生差等为本病发生的诱因。通过地面平养育雏方式饲养的鸡只，尤其容易引发雏鸡球虫病。

【临床症状】>>>>

当生长鸡被感染时，精神不佳，羽毛直立，食欲减退，饮欲增加，排西瓜瓤样或番茄酱色的稀便等。被盲肠球虫感染后，病鸡排出的粪便中带有鲜血，共济失调，瘫痪腿的爪变形；鸡冠因贫血呈苍白色，黏膜贫血，最后发生痉挛和昏迷，最终死亡。

成鸡表现为厌食、消瘦、生长缓慢、产蛋量下降，粪便呈棕红色。

图3-1-1　病鸡因贫血致鸡冠苍白

图3-1-2　共济失调，腿爪变形

图 3-1-3　粪便呈棕红色

图 3-1-4　粪便呈西瓜瓤样

图 3-1-5　粪便中带鲜血

【病理变化】>>>>

　　主要病变在肠道。小肠浆膜层有豆粒状出血斑点，黏膜面有明显出血点；空肠内容物呈酱色，黏膜上有密集针尖状出血点；盲肠肿大，内有新鲜或暗红色血液、血凝块，久之呈凝固的干酪样物。

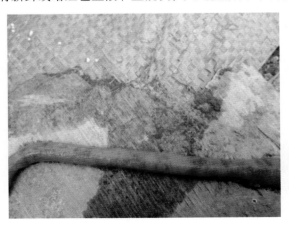

图 3-1-6　小肠浆膜可见出血斑点

图 3-1-7 空肠内容物呈酱色

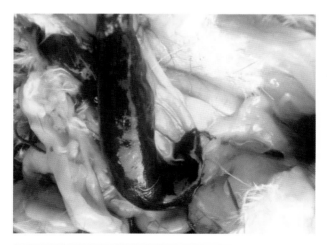

图 3-1-8 盲肠内充满暗红色血液

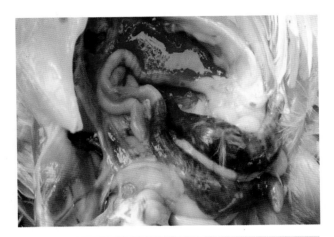

图 3-1-9　盲肠内充满新鲜血液

图 3-1-10　盲肠内有血凝块

图 3-1-11 盲肠内有干酪样物

【诊断要点】 >>>>

（1）**临床特征** 酱色或鲜血粪便为特征。

（2）**剖检病变** 肠黏膜有出血点，有酱色内容物。

【防治措施】 >>>>

（1）**预防** 鸡舍严密消毒，保持其清洁干燥；给鸡只供应富含维生素的饲料，夏、秋季可限量供给麸皮，及时清理粪便并以生物热处理方式消杀孢子卵囊，防止饲料和饮水被鸡粪中的病菌污染。

（2）**治疗** 无论应用化学药物（地克珠利、盐酸氨丙啉、磺胺喹噁啉钠），还是中药驱虫制剂，都要交替用药；同时要添加 A、K及 B 族维生素，必要时可添加鱼肝油。

二、组织滴虫病

【简介】 >>>>

鸡组织滴虫病又称盲肠肝炎或黑头病，是鸡的一种急性原虫病。其主要特征是盲肠出血、肿大，肝脏有扣状坏死溃疡灶。本病对散养蛋鸡威胁很大，规模笼养蛋鸡零星发生。

【病原与传播】 >>>>

组织滴虫的生活史与异刺线虫和存在于鸡场土壤中的蚯蚓密切相关。

鸡盲肠内同时寄生着组织滴虫和异刺线虫，组织滴虫可钻入异刺线虫体内，在其卵巢中繁殖，异刺线虫卵可随鸡粪排到体外，成为重要的感染源。土壤中的蚯蚓吞食异刺线虫卵后，组织滴虫可随虫卵进入蚯蚓体内。鸡吃到这种蚯蚓后，便可感染组织滴虫病。

本病常发生于4周龄至4月龄的鸡只，偶尔也见200多日龄的产蛋鸡发病。

【临床症状】 >>>>

病鸡精神不振，食欲减退，翅下垂，头部皮肤发绀，硫黄色下痢，严重时粪中带血。病程短，死亡快，产蛋量下降。

图 3-2-1 病鸡头部皮肤发绀

【病理变化】 >>>>

主要病理变化出现在盲肠和肝脏。肝脏肿大，表面有特征性扣状彩色凹陷坏死灶；盲肠内含有血液，病程久者，可见有红黄色凝结的干酪样物。

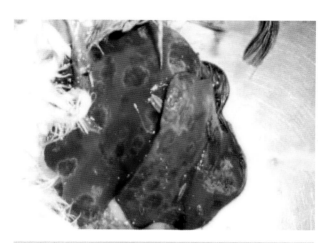

图 3-2-2 肝脏表面有彩色的坏死灶

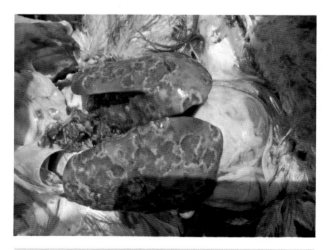

图 3-2-3 肝脏表面有彩色凹陷的坏死灶

图 3-2-4　盲肠内有干酪样物

【诊断要点】 >>>>

（1）**临床特征**　鸡头颜色发绀、粪便黄白。
（2）**剖检病变**　肝脏坏死灶、盲肠硬栓塞。

【防治措施】 >>>>

（1）**驱虫**　建议采用笼养方式，可用驱虫净或伊维菌素定期驱除异刺线虫。

（2）**治疗**　发病鸡群用0.1%的甲硝唑拌料，连用5～7天；或用中药煮水饮用。同时，给病鸡补充葡萄糖和维生素，以促进其恢复。

三、住白细胞原虫病

【简介】 >>>>

　　鸡的住白细胞原虫病又称鸡白冠病，是由卡氏或沙氏住白细胞原虫寄生于鸡的红细胞、成红细胞、淋巴细胞和白细胞而引起的贫血性疾病。本病对蛋鸡危害严重，应引起足够重视。

【病原与传播】 >>>>

病原是住白细胞虫属中的卡氏住白细胞虫和沙氏住白细胞虫，因二者寄生于鸡的白细胞和红细胞中而让鸡发病。卡氏住白细胞虫致病力强，危害严重。本病是由吸血昆虫传播的，库蠓传播卡氏住白细胞虫病，蚋传播沙氏住白细胞虫病。因此，本病在有库蠓和蚋生存的地区及其活动时期发生，有着明显的区域性和季节性。

【临床症状】 >>>>

雏鸡和青年鸡症状明显，死亡率高。病初病鸡发烧，食欲不振，精神沉郁；流涎，下痢，粪便呈绿色；贫血，鸡冠和肉垂苍白，生长发育迟缓。感染 12 ~ 14 天，病鸡突然因咯血、出血、呼吸困难而发生死亡。病鸡死前口流鲜血是卡氏住白细胞虫病的特异性症状。

中鸡和成鸡感染后病情较轻，死亡率也较低。病鸡鸡冠苍白，消瘦，排水样的白色或绿色稀便。中鸡发育受阻，成鸡产蛋量下降，甚至停止产蛋。

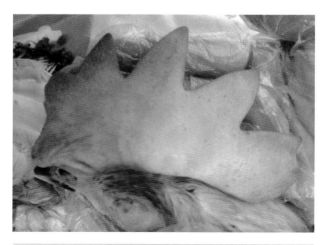

图 3-3-1 病鸡贫血、鸡冠苍白

图 3-3-2　鸡群中出现鸡冠和肉垂苍白的病鸡

【病理变化】 >>>>

　　剖检病鸡，其主要病理变化特征是全身性皮下出血，肌肉（尤其是胸肌、腿肌、心肌）和脂肪处有大小不等的出血点；各内脏器官出血。

图 3-3-3　腿肌明显出血

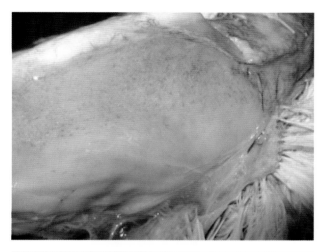

图 3-3-4　胸肌明显出血

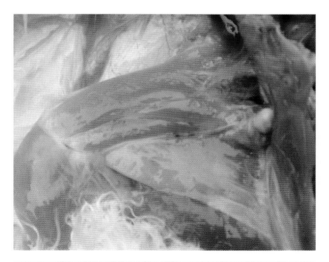

图 3-3-5　腿肌胶冻样渗出物

图 3-3-6　脂肪明显出血

图 3-3-7　心肌明显出血

图 3-3-8　心肌内膜出血

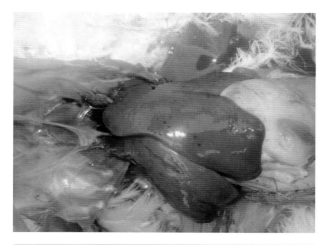

图 3-3-9　肝脏有出血点

图 3-3-10　肝脏出血并易碎

图 3-3-11　胆汁充满胆囊、肿胀

图3-3-12 盲肠浆膜有出血点

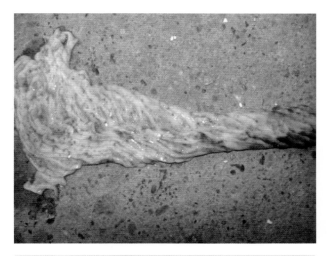

图3-3-13 子宫内膜出血

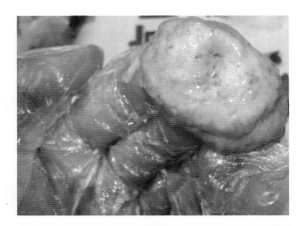

图 3-3-14 泄殖腔黏膜出血

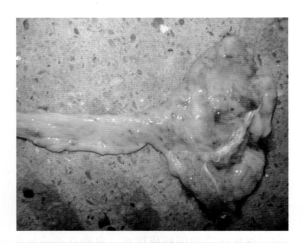

图 3-3-15 直肠末端浆膜出血

【诊断要点】 >>>>

（1）临床特征 病鸡白冠、腹泻、产蛋量下降。

（2）剖检病变 各器官出血。

【防控措施】 >>>>

1）注重鸡舍环境卫生。

2）夏、秋季鸡舍应安装纱门、纱窗，严防蚊、蝇、虫侵扰。

3）北方6～10月，蚊蝇活动频繁，此间，每月都应给鸡群饲喂预防和治疗白冠病的药物。

4）产蛋鸡发病后，应用中药、化学药物对鸡群实施及时有效的治疗。

四、蛔 虫 病

【简介】 >>>>

蛋鸡蛔虫病是由小肠内寄生的蛔虫引起的，是一种常见的寄生虫病。蛔虫病对鸡体健康是一种慢性消耗，病程长者，由其造成的损失不亚于传染病，但本病易被人们忽视。

【病原与传播】 >>>>

鸡蛔虫病是由禽蛔虫科的鸡蛔虫引起的。蛔虫成虫呈浅黄色或者黄白色，雌虫长度为60～110mm，雄虫长度为50～76mm，虫卵呈椭圆形。鸡蛔虫产卵量很大，每条雌虫1天可产72500枚虫卵，对环境污染严重。虫卵具有非常强的抵抗外界环境以及多数消毒药物的能力，通常感染性虫卵能够在土壤中生存长达6个月。

鸡蛔虫卵随粪便排出体外，在适宜的温度条件下开始发育，具有感染力。病鸡吞食污染的饲料或饮水，虫卵在鸡的消化道中孵出幼虫，幼虫移动到十二指肠后段的肠腔与肠绒毛的深处，钻进肠黏膜内，破坏分泌腺。经1周后，幼虫又从黏膜内逸出，自由生活于十二指肠后部的肠腔中，发育为成虫。成虫主要寄生于鸡小肠，感染严重时，在嗉囊、肌胃、盲肠和直肠中也可发现蛔虫。

10月龄内的蛋鸡容易感染，3月龄左右的鸡群极易感染且症状严重，1年以上的成鸡感染后，往往作为带虫者并不表现任何病状。

【临床症状】 >>>>

病鸡鸡冠苍白，黏膜贫血；食欲减退，下痢，有时稀粪中带有血液和虫体，病鸡逐渐衰竭而死亡。

【病理变化】 >>>>

肝脏瘀血呈暗紫色；小肠扩张，肠壁肿胀变硬，有时存在出血点；虫体就在肠腔中，有的病鸡因在肠内出现大量虫体而引起肠梗阻。

图 3-4-1　十二指肠段出现大量蛔虫

图 3-4-2　空肠段出现大量蛔虫，造成肠梗阻

图 3-4-3 肝脏瘀血，呈暗紫色

【诊断要点】 >>>>

（1）临床特征 病鸡贫血、消瘦、腹泻。

（2）剖检病变 病鸡肠腔内有虫体。

【防控措施】 >>>>

1）定期清洁鸡舍，定期消毒，对鸡粪进行堆积发酵处理，杀死虫卵。

2）保持鸡舍内清洁干燥，防止饲料、饮水被污染。

3）定期驱虫。驱除蛔虫的最佳季节是秋季，可选择以下药物：左旋咪唑以 20mg/kg 体重喂服；丙硫苯咪唑按 10～20mg/kg 体重喂服；芬苯达唑按 20mg/kg 体重喂服；伊维菌素按 0.1mg/kg 体重喂服。以上方法任选一种，傍晚喂服，次日清早将粪便堆积发酵。

五、绦 虫 病

【简介】 >>>>

鸡绦虫病是绦虫寄生于鸡的肠道内而引发的一种寄生虫病。近几年来，不管是散养蛋鸡还是笼养蛋鸡的绦虫病发生的病例并不少见，由于养殖户对本病的防范意识较低和对绦虫病的危害认识不足，容易忽视绦虫感染的问题，且在诊疗中常造成误诊，延误治疗时机，造成了一定的经济损失。

【病原与传播】 >>>>

绦虫呈扁平带状，多为乳白色，虫体分为头节、颈节和体节。头节为吸着器官，吸附于鸡的肠道；颈节发育生长出体节；体节发育为幼节、成节和孕节（孕卵节片）。

常见绦虫有：棘沟赖利绦虫、四角赖利绦虫、有轮赖利绦虫、漏斗带绦虫、节片戴文绦虫。

肠道的成虫随粪便排出孕节，孕节被中间宿主吞食后，在其体内经 2 ~ 4 周发育为似囊尾蚴，带有似囊尾蚴的中间宿主被鸡吞食后，在小肠最快经 13 ~ 14 天发育为成虫，并排出成熟节片。绦虫生活史较复杂，需要 1 个或 2 个中间宿主，主要是蚂蚁、甲壳虫、苍蝇及一些软体动物。

笼养蛋鸡能接触到的中间宿主主要是苍蝇，所以临床以赖利绦虫和漏斗带绦虫多发；由于接触不到螺蛳，所以不会感染节片戴文绦虫。本病一年四季均可发生，以 6 ~ 11 月多发。

【临床症状】 >>>>

病鸡消瘦、羽毛松乱且无光泽、鸡冠发白、倒冠；产蛋量下降，蛋重轻、畸形蛋增多，蛋壳颜色变浅、变白，占正常鸡蛋的 10% ~ 30%；采食量正常，但饮水增加；粪便稀薄，随粪便排出白色、大米粒大小、长方形绦虫孕节。

【病理变化】 >>>>

病变在小肠。小肠内有大量虫体，虫体呈乳白色，体长为 6 ~ 25cm；肠黏膜肥厚、有出血点，肠腔内有大量黏液；当虫体数量过多时，有的鸡发生肠梗阻而死亡。其他脏器无明显变化。

图 3-5-1 随粪便排出大量虫卵与孕节

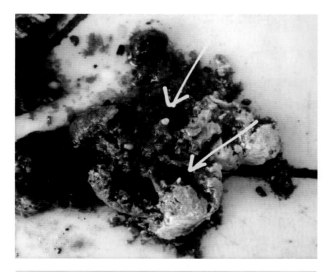

图 3-5-2 绦虫卵附着于粪便表面

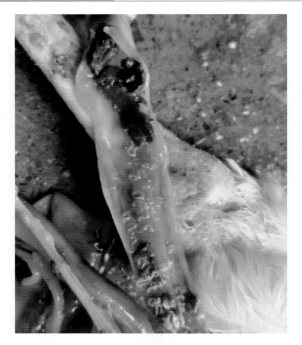

图 3-5-3　空肠内幼小的绦虫

图 3-5-4　空肠内绦虫聚集

图 3-5-5 空肠内较大的绦虫

图 3-5-6 绦虫节片

【诊断要点】 >>>>>

（1）临床特征 病鸡消瘦、腹泻，虫卵随粪便排出。

（2）剖检病变 在肠道内发现绦虫虫体。

【防控措施】 >>>>>

1）加强管理，定期消毒，及时清理粪便。

2）门窗安装纱网，防止苍蝇进入鸡舍。苍蝇是绦虫的重要中间宿主，鸡通过啄食苍蝇而感染绦虫病，笼养蛋鸡接触的是苍蝇，感染的是鸡绦虫。没有苍蝇的鸡舍基本不发生绦虫病。

3）定时驱虫，粪便要集中堆积发酵，经生物热处理后用作肥料。

4）驱虫。常用盐酸左旋咪唑、丙硫苯咪唑、吡喹酮等驱虫。吡喹酮驱虫效果较佳，按20mg/kg体重拌料，集中1次投服；5天后再用1次。槟榔煎剂饮水效果也很好。应用驱虫药的同时，要连续应用电解多维水，或每吨饲料添加鱼肝油500g，连用5天。

用吡喹酮第二次驱虫后，蛋鸡产蛋量开始恢复，20天后产蛋量恢复正常水平。

六、前殖吸虫病

【简介】 >>>>>

蛋鸡前殖吸虫病是由前殖属的多种吸虫引起的一种寄生虫病，常呈地方性流行，全国各地均有发生，对蛋鸡养殖业造成了一定损失。

【病原与传播】 >>>>>

前殖吸虫的虫体扁平，外观呈梨形，新鲜虫体呈鲜红色；长约5mm、宽2mm，其内部器官透明清晰可见。其虫卵比较小，呈椭圆形，棕褐色，内含一毛蚴。

病虫进入鸡只体内需经2个中间宿主：第一中间宿主为淡水螺，第二中间宿主为蜻蜓。鸡啄食含有囊蚴的蜻蜓幼虫或成虫而感染，囊蚴在消化道内脱囊发育为幼虫，经肠进入泄殖腔，再转入输卵管或法氏囊，经1～2周发育为成虫。各种年龄鸡均可感染本病，且春、夏两季多发。

【临床症状】 >>>>

病初病鸡食欲减退，产蛋量正常，但蛋壳软而薄，易破，继而产蛋量下降，产出的薄壳蛋、小蛋增多，有时仅排出卵黄或少量蛋白。随着病程发展，病鸡进行性消瘦，羽毛粗乱、脱落，产蛋停止。有时从泄殖腔排出卵壳碎片或流出类似石灰水样的液体。有些病鸡腹部膨大，泄殖腔凸出，肛门潮红，重症鸡可发生死亡。

【病理变化】 >>>>

主要病变在输卵管。输卵管黏膜出血、肥厚、黏液增多，管内有异物形成的结块；在管壁上可见到虫体；肝脏肿胀、黄染，卵泡萎缩；发生腹膜炎时，在腹腔内有大量黄色混浊的渗出液。

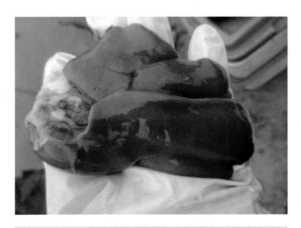

图 3-6-1　肝脏肿胀、黄染

图 3-6-2　卵泡萎缩

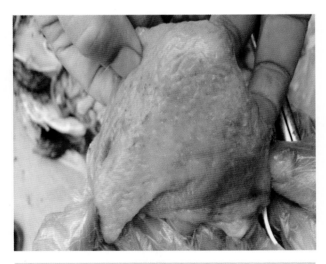

图 3-6-3　输卵管黏膜出血

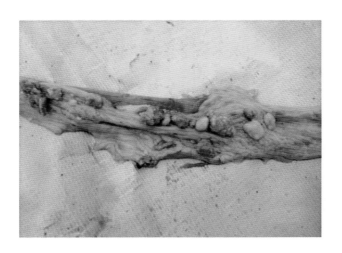

图 3-6-4 输卵管内有异物结块

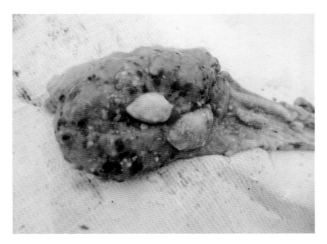

图 3-6-5 输卵管内有结块和虫体

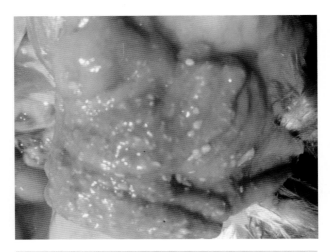

图 3-6-6　输卵管黏膜上附有大量虫体

图 3-6-7　输卵管黏膜处可见虫体

图 3-6-8 棕褐色虫体

【诊断要点】 >>>>>

（1）**临床特征** 病鸡消瘦、白色水样腹泻、产畸形蛋。

（2）**剖检病变** 子宫黏膜上检出虫体。

【防控措施】 >>>>>

1）加强管理，净化鸡舍，门窗安装纱网，防止蜻蜓飞入。

2）及时清理粪便，并经生物热处理。

3）治疗：常用药物有盐酸左旋咪唑、丙硫苯咪唑、吡喹酮、六氯乙烷等。

丙硫苯咪唑 100mg/kg 饲料，混入饲料中一次口服。

吡喹酮 60mg/kg 饲料，混入饲料中一次口服。

六氯乙烷 0.2～0.5g/只，混入饲料中喂给，每天 1 次，连用 3 天。

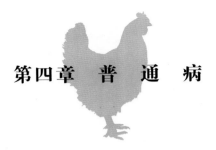

第四章 普 通 病

一、腺 胃 炎

【简介】 >>>>

蛋鸡腺胃炎是一种以鸡只生长迟滞、消瘦、个头大小不均、腺胃不同病变为特征的消化障碍及免疫抑制病，近几年发病普遍，鸡只死亡率上升，生产中应高度重视。

【病因】 >>>>

蛋鸡腺胃炎的病因复杂，据研究资料证明，现在发生的腺胃炎约5%由病毒引起，而大多数腺胃炎的发生与霉菌及霉菌毒素有不可分割的关系，另外和饲料原料、用药不当等也有一定关系。

腺胃炎可发生于不同品种、不同日龄的蛋鸡，以蛋雏鸡、青年鸡多发且发病较严重。急性病例一般集中在 30 ~ 60 日龄的鸡，最早的蛋鸡腺胃炎发生于 2 ~ 3 日龄；120 日龄后的鸡只发病，一般以隐性感染为主。本病的发生无明显季节性，一年四季均可发生，但以夏、秋季最为严重。当育雏室温度较高时，鸡群更易发病，发病后易继发大肠杆菌和支原体感染。

【临床症状】 >>>>

病鸡初期精神不振，缩头垂尾，羽毛蓬松，采食量下降，生长迟缓，增重缓慢；产蛋量下降；多数病鸡排白色、白绿色、黄绿色、棕红色、黑色稀便，有的粪便中有未消化的饲料和黏液，粪便沾污肛门周围羽毛，后期可继发呼吸道疾病。有的病鸡时有吐水现象。病鸡渐进性消瘦。

腺胃炎往往和肌胃炎同时发生，临床上出现明显的料便，采食量明显下降，鸡群的整齐度更加不好，各种疾病接踵而来，即形成所谓的"采食抑制、生长抑制、免疫抑制"3个抑制。

图 4-1-1 雏鸡生长缓慢，个头大小不均

图 4-1-2 大量棕红色稀便

【病理变化】 >>>>

腺胃肿胀，腺胃壁变薄、发青或呈青紫色；腺胃黏膜有黏液、出血、糜烂；腺胃乳头有黏液；腺胃乳头消失，腺胃、肌胃间界限不明显等。

图4-1-3　腺胃肿胀

图4-1-4　腺胃肿胀（切开后外翻状）

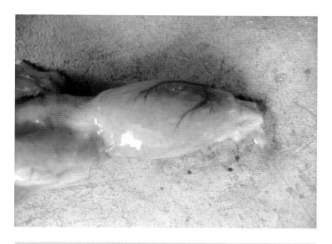

图 4-1-5 腺胃壁发青

图 4-1-6 腺胃黏膜呈青紫色

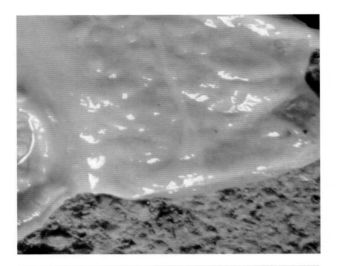

图 4-1-7　腺胃黏膜有黏液

图 4-1-8　腺胃肿胀，腺胃乳头基本消失

图 4-1-9　腺胃壁变薄，腺胃乳头消失

【诊断要点】 >>>>

（1）**临床特征**　病鸡减料吐水、排棕红色粪便、生长不齐。

（2）**剖检病变**　腺胃肿胀、腺胃壁厚或壁薄、腺胃松弛。

【防控措施】 >>>>

（1）**重视霉菌毒素的危害**　引发腺胃炎的最主要原因是霉菌毒素，所以，防控腺胃炎的关键在于防止霉菌毒素中毒。严把饲料和原料关是重要手段，优质脱霉剂的添加和保肝药物的应用是关键措施。

（2）**加强饲养管理**　育雏期间不能出现高温、高湿现象，防止因更换饲料而产生的应激反应，应用法氏囊炎疫苗前，要使用微生态制剂调节肠道环境，并适时控料，保持鸡的胃、肠道功能正常，以减少腺胃炎的发生。

（3）**临床治疗用药选择**

治疗原则：消炎、消肿、消食。

选择抗菌消炎药物、消化道黏膜修复剂、抗氧化的药物；复合维生素和具有高效保肝解毒成分、提升免疫力等作用的药物在治疗腺胃炎时都有理想效果。

二、肌 胃 炎

【简介】 >>>>

　　蛋鸡肌胃炎是肌胃角质层黏膜溃疡、糜烂等所有病理变化的总称，是近几年来蛋鸡发生的一种新病。肌胃炎是临床疾病的一个症状，会直接影响鸡群的生长和健康；不仅与腺胃炎联合发生，而且其危害性远超腺胃炎。目前，肌腺胃炎发病日龄可提前到 2～3 日龄，因此应高度重视肌胃炎的预防和治疗。

【病因】 >>>>

　　以往认为肌胃炎的发生与多种病毒作用是分不开的，但经研究和临床实践证明，霉菌及其霉菌毒素是造成肌胃炎、腺胃炎的主要病因。另外，饲料原料中的某些成分及药物也会造成肌胃炎症，如棉籽粕中铁含量过高、劣质的酒糟蛋白、假的玉米蛋白粉、饲料中新玉米成分过大，以及用药不当等，均会造成肌胃炎。

【临床症状】 >>>>

　　病鸡采食量下降、生长迟缓、专吃碎料、明显料便；鸡只个头大小参差不齐，料比明显偏高。

【病理变化】 >>>>

　　腺肌胃交界处有溃疡，溃疡自腺胃侧向肌胃侧蔓延，并可见明显的溃疡线；肌胃角质层增厚、变硬，易裂开，较严重的肌胃溃疡呈线条状或花菜样，极严重的肌胃溃疡可见角质层皲裂、崩裂或穿孔。胸腺、脾脏及法氏囊严重萎缩，肠壁变薄，肠内有未消化的饲料渣。

图 4-2-1 严重料便

图 4-2-2 肌胃可见明显溃疡线

图 4-2-3   溃疡向肌胃侧大面积蔓延

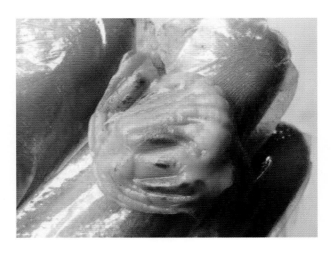

图 4-2-4   肌胃有坏死倾向性溃疡

图 4-2-5　肌胃呈线条状凸起溃疡

图 4-2-6　肌胃严重溃疡

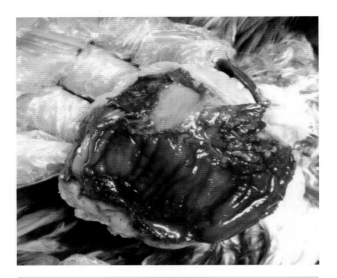

图 4-2-7　肌胃角质层崩裂

图 4-2-8　肌胃角质层有穿孔

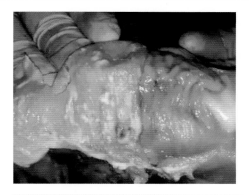

图 4-2-9　角质层有白色溃疡灶

【诊断要点】 >>>>

（1）**临床特征**　病鸡吃碎料、排料便、生长不均。

（2）**剖检病变**　角质层不同程度溃疡。

【防控措施】 >>>>

（1）**鸡舍环境控制**　保温的同时注意通风，特别注意相对湿度不要太大。

（2）**重视霉菌毒素**　不使用霉变饲料，或在饲料中添加生物脱霉剂。

（3）**注重保肝润肠**　使用优质保肝解毒药物，减少霉菌毒素对机体的危害；添加复合酶制剂修复受损肠道，恢复其消化吸收功能。

（4）**治疗**　发生肌胃炎时，要以"脱霉、解毒、抗氧化、修复"为治疗原则，以"止血、止疼、止裂"为治疗目的，选择高效肌胃炎药物连续应用 3～4 天，同时添加优质复合维生素。

三、肠 炎

【简介】 >>>>

蛋鸡肠炎是在多种有害病因作用之下导致的肠黏膜的炎症，在临床上主要表现为粪便稀薄。此病虽不是微生物引发的传染性疾病，但可常年发生，使饲料转化率降低，鸡只免疫力下降，极易引发其他疾病，应给予高度重视。

【病因】>>>>

本病的发生主要是因鸡舍环境不整洁，通风不好，温度过低；饲料原料变质，饲料霉菌毒素超标；往往与球虫病的发生有关；不合理地使用药物，造成肠道微生态紊乱；继发于其他疾病等。

【临床症状】>>>>

肠炎的主要症状就是粪便稀薄、水便，粪便呈黄褐色、黑色，鸡舍内有轻微腥味，有的粪便呈细条形似鱼肠子，但大群鸡只精神正常，有的鸡只出现饮水量明显增加的现象。

【病理变化】>>>>

主要病变在肠道。有的肠壁增厚，有的肠壁变薄；肠道胀气，肠道黏膜充血，个别病例会出现针尖状出血点；肠腔内充满灰白色或黄白色黏性渗出物，有的含有料渣，严重的肠黏膜脱落，甚至会形成肠毒和坏死性肠炎；有时会与球虫混感。极个别鸡出现肠套叠。

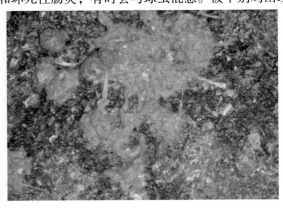

图 4-3-1　粪便稀薄

图4-3-2　水样腹泻

图4-3-3　鱼肠子状粪便

图 4-3-4　霉菌致病鸡排黑色稀便

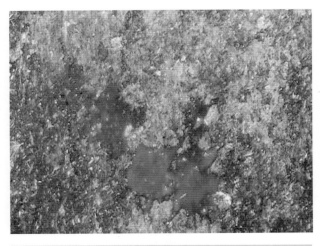

图 4-3-5　有梭菌混感的肠炎稀便

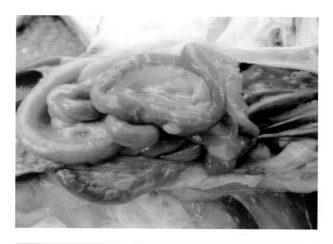

图 4-3-6　肠道轻度臌气

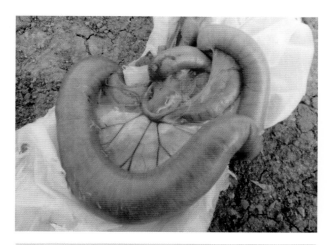

图 4-3-7　肠道重度臌气

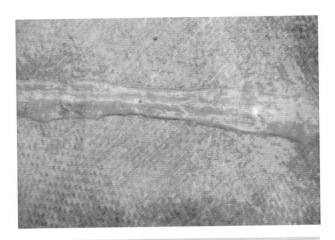

图 4-3-8　形成肠毒和肠炎的肠黏膜

图 4-3-9　肠黏膜出血，内容物稀薄且含有料渣

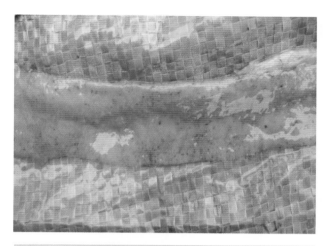

图 4-3-10 肠黏膜有针尖状出血点

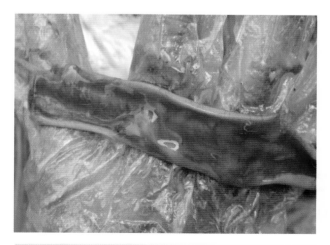

图 4-3-11 继发坏死性肠炎的肠道

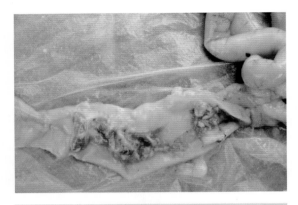

图 4-3-12　混感球虫的肠内容物

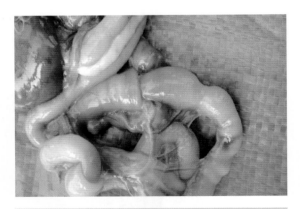

图 4-3-13　偶发肠套叠，排带血稀便

【诊断要点】＞＞＞＞

（1）临床特征　病鸡排各种色泽的稀薄粪便。

（2）剖检病变　肠黏膜水肿、出血、内容物稀薄且含有料渣。

【防控措施】＞＞＞＞

1）保持鸡舍内清洁、保持温度恒定、定期消毒，以减少发病诱因。

2）重视饮用水的质量，定期进行水质监测，有条件的要安装饮用水净化设备。

3）调理肠道，预防为主。饲喂微生态制剂，平衡肠道菌群，可明显降低肠道疾病的发生。

4）经确诊的病例，选择有效抗菌药物或中药制剂，及时投服。

四、霉菌毒素中毒

【简介】 >>>>

霉菌毒素是由霉菌或真菌产生的有毒有害物质。霉菌毒素对蛋鸡的危害程度近几年有增强的趋势，病鸡集中表现为：卵巢和输卵管萎缩，产蛋量下降，产畸形蛋；采食量减少，生产性能下降，饲料转化率降低；种蛋孵化率降低等。霉菌毒素对蛋鸡还能造成免疫抑制而继发其他疾病。

【病因】 >>>>

霉菌毒素是霉菌的毒性代谢产物。不同的霉菌可产生同一种霉菌毒素，而一种菌种或菌株又可产生多种霉菌毒素。

目前已发现的霉菌毒素有200余种，对蛋鸡影响及毒害作用较大的有：黄曲霉毒素、赭曲霉毒素、呕吐毒素、腐马毒素、玉米赤霉烯酮等。

谷物、原料、饲料、饮水和环境中均可发现霉菌及霉菌毒素。一种超标的霉菌及毒素即可使鸡致病，多种毒素的叠加作用能对鸡群造成极大损害。其危害既是普遍性的，也是常年性的。

霉菌毒素可存贮于种鸡的卵黄之中，既影响种蛋孵化率，还会造成低日龄雏鸡发生呼吸道疾病。

【临床症状与病理变化】 >>>>

（1）黄曲霉毒素 黄曲霉毒素是由黄曲霉菌、寄生曲霉和软毛青霉产生的高毒性和高致癌性毒素，可严重干扰肝脏功能，影响蛋白质合成，使抗体水平降低、产蛋量下降。病理变化可见肝脏肿大、出血，心包积血，气囊有血管增生和霉斑，十二指肠浆膜层有毒素斑点等。

图4-4-1　肝脏肿大、出血

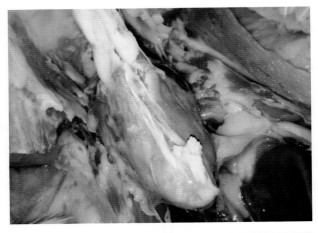

图4-4-2　心包积血

图 4-4-3　气囊有血管增生

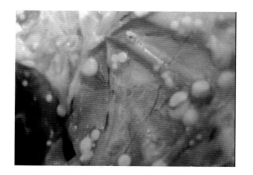

图 4-4-4　气囊霉斑明显

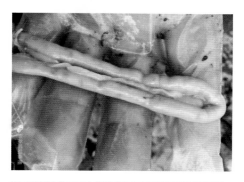

图 4-4-5　十二指肠浆膜层有出血斑

（2）**赭曲霉毒素** 赭曲霉毒素是由赭曲霉和纯绿青霉产生的一种肾毒素。鸡只中毒后可以引发肾病，也可影响肝脏、免疫器官和造血功能；肾脏肿胀、贫血和出血；有的病鸡出现趾间溃烂。蛋鸡会因饲料适口性差而厌食，致其体重、产蛋量和鸡蛋品质下降，还会使畸形胚增加。

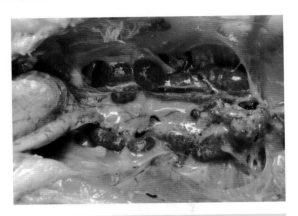

图4-4-6 肾脏肿胀、出血

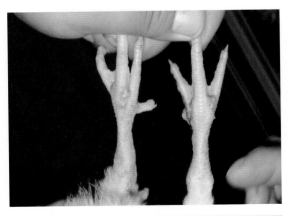

图4-4-7 趾间轻度溃烂

图4-4-8　趾间重度溃烂

（3）**呕吐毒素**　属于单端孢霉毒素，多由镰刀菌属产生。蛋鸡采食被污染的饲料后，几天内会出现产蛋量迅速下降，蛋壳变薄，嗉囊积液、溃疡，吐水，口腔黏膜溃烂，肝呈棕黄色、易碎，肌胃炎和腺胃炎等症状。

图4-4-9　病鸡向食槽内吐水

图4-4-10　极易造成肌胃炎和腺胃炎

（4）腐马毒素　由串珠镰刀菌分泌，成鸡中毒症状表现为排黑色黏性稀便、肢体残疾、死亡率增加。体外实验证明，腐马毒素对巨噬细胞和淋巴细胞有毒性作用，可降低免疫细胞的杀菌活性。

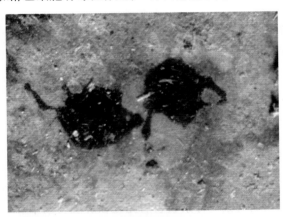

图4-4-11　病鸡排出黑色黏性稀便

（5）玉米赤霉烯酮　主要由禾谷镰刀菌及其他多种镰刀菌产生。赤霉烯酮是一种对鸡毒性很强的植物性雌激素。蛋鸡中毒的临床表现为鸡冠肿大、卵巢及输卵管萎缩、产蛋量下降，有的病鸡会出现腹水症。

图4-4-12 卵巢及输卵管萎缩

【诊断要点】 >>>>>

（1）**临床特征** 病鸡消瘦、吐水、趾间烂，排黑色、棕红色稀便。

（2）**剖检病变** 肝脏、肾脏出血，心包积血，肌胃炎和腺胃炎。

【防控措施】 >>>>>

（1）**严格贯彻生产管理制度** 特别注重原料、饲料、饮水与环境等方面霉菌与毒素的污染和检测。

（2）**合理使用脱霉剂** 合理使用优质脱霉剂，脱霉剂既要具备吸附、抑制或杀灭霉菌及毒素的特性，又不消耗营养成分，且对蛋鸡无毒。

（3）**保肝解毒素** 毒素吸收后完全在肝脏得以中和、分解，因此使用优质保肝解毒药物非常重要。

（4）**治疗用药** 对临床上出现的粪便变化、吐水、趾间炎症，特别是肌胃炎和腺胃炎，要应用中药、制霉菌素、硫酸铜溶液、抗氧化剂、益生素等予以治疗；及时补充有效的维生素对病鸡的康复有重要作用。

五、啄 癖 症

【简介】 >>>>

啄癖症是家禽的一种对除饲料以外的物质有异常啄食嗜好的病症。蛋鸡啄癖症多发生于集约化鸡场、处于应激状态下的产蛋鸡群和缺乏某些营养元素的散养鸡群。发生啄癖症的鸡群，产蛋量下降，并可继发细菌感染而致鸡只死亡，会造成一定的经济损失。

【病因】 >>>>

啄癖症大多是由营养元素缺乏、环境应激、疏于管理、疾病多发等因素引起的。

(1) 营养元素缺乏　钙、磷元素缺乏或比例不当会导致鸡只啄蛋、啄羽；缺乏氯、钠元素易形成啄食癖，蛋重下降；缺乏硫元素可导致啄羽症的发生。

(2) 环境应激　鸡舍通风不良、养殖密度过大、光照过强，食槽、水槽面积不足等都会引发和诱发啄癖症。

(3) 寄生虫　羽虱可引起鸡只皮炎、断羽，易造成啄羽甚至脱羽；前殖吸虫病可致肛门外翻，易发生啄肛。

(4) 激素因素　蛋鸡即将开产时，血液中所含的雌激素和黄体酮、公鸡雄激素的增长，可促使啄癖倾向增强。早开产母鸡易发生脱肛现象，加之断喙不好，易发生啄肛现象。

(5) 生殖道疾病　新城疫、传染性支气管炎、大肠杆菌病和衣原体病等常引起生殖道疾病，可使鸡只出现脱肛及啄肛现象。

【临床症状】 >>>>

由于蛋鸡的啄癖症是因营养代谢机能紊乱、味觉异常及饲养管理不当等引起的一种非常复杂的多种疾病的综合征，因而根据啄癖的嗜好不同，一般可将其分为啄羽癖、啄肛癖、啄蛋癖、啄趾癖及异食癖5类。

(1) 啄羽癖　见于产蛋鸡群中，母鸡相互啄食羽毛，可见部分鸡的颈部、背部、腰部、尾根等部位的羽毛被啄而呈光秃状，鸡群的产蛋量明显下降。

图 4-5-1　尾根处小羽毛被啄

图 4-5-2　尾根处大羽毛被啄

图 4-5-3　尾根处已发炎，涂药治疗

图 4-5-4　颈部羽毛被啄

图 4-5-5 蛋鸡背部羽毛被啄

图 4-5-6 散养柴鸡群背部羽毛被啄

（2）**啄肛癖** 见于初产蛋鸡和高产蛋鸡，因增光不合理导致产大蛋或双黄蛋，使子宫脱垂或肛门外翻，被啄而撕裂、出血，严重者整个腹腔内脏全部被啄空。

图 4-5-7　肛门被啄出血

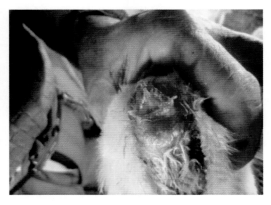

图 4-5-8　尾尖及肛门被啄出血

图 4-5-9 肛门被啄红肿

图 4-5-10 腹腔内脏已被啄空

（3）**啄蛋癖** 本病常因管理不当造成。集蛋不及时、破损蛋长时间留在蛋网上，鸡只啄食后形成啄蛋癖。钙、磷元素不足或不平衡也会导致啄蛋癖发生。有时鸡刚产下蛋，鸡群就一拥而去啄食，有的产蛋鸡也啄食自己产的蛋。

图4-5-11　啄蛋后，蛋清蛋黄流至地面

图4-5-12　啄蛋情况严重，地面散落蛋皮

（4）**啄趾癖**　多发于雏鸡和青年鸡。喂料不及时或缺料，导致鸡因寻找食物而误啄脚趾造成。

（5）**异食癖**　多见鸡只啄塑料布、饲料袋、线绳、牙签、食槽、水槽、粪便等。

图4-5-13 异食的牙签插入肌胃

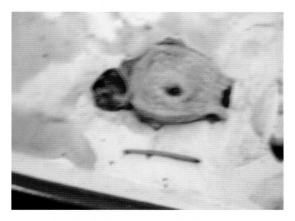

图4-5-14 异食的牙签

【**诊断要点**】 >>>>

临床特征上鸡只出现啄羽、啄肛、啄蛋、啄趾、异食的现象。

【**防控措施**】 >>>>

（1）落实管理措施 鸡舍内光照不可过强，光照时间严格按饲

227

养管理规程执行，光照过强，啄癖病例增多。鸡群密度要适宜，为鸡只提供足够的生存空间，可减少啄癖症的发生。

鸡只在 7 ～ 10 日龄时及时断喙，并在其开产前再修喙 1 次。成功断喙既可以防止啄癖症又可以减少饲料的浪费。

（2）平衡营养成分　提供全价营养的平衡日粮，特别要注意氨基酸的平衡，避免饲料单一。在日粮中添加 0.2% 的蛋氨酸，能减少啄癖症的发生。

（3）啄癖症的处理　及时移走互啄倾向较强的鸡只，单独饲养；隔离被啄鸡只，在被啄的部位涂擦甲紫。

硫元素缺乏的鸡群每天拌料喂服 0.5 ～ 3g 生石膏粉，啄羽癖会很快消失；因缺盐引起的啄癖症，可在日粮中添加 1.5% 食盐，连续喂服 3 ～ 4 天即可，食盐不能长期饲喂，以免食盐中毒。

对于已形成啄癖的鸡群，可将鸡舍内光线调暗或遮挡窗户，也可将瓜藤、块茎类蔬菜和青菜等放在鸡舍内任其啄食，既可分散鸡只注意力，还可补充纤维素。

六、B 族维生素缺乏症

【简介】 >>>>

B 族维生素是一组很复杂的维生素群，也称维生素 B 族，生产中常用的 B 族维生素有 12 种以上。B 族维生素主要参与鸡体内物质代谢，是各种生物酶的重要组成成分。B 族维生素之间的作用相互协调，一旦缺乏某一种，则会引起另一种机能发生障碍，缺乏时常呈综合症状。临床上以维生素 B_1、B_2、B_3、B_4、B_5、B_6、B_9、B_{12} 等缺乏症多见。

【病因】 >>>>

B 族维生素来源广泛，一般饲料中不会缺乏，但因 B 族维生素极易被氧化破坏，常出现缺乏症。

肠道正常微生物群可制造 B 族维生素，在鸡只高烧、不食和腹泻的情况下，B 族维生素会大量消耗或因合成障碍而引发缺乏症。

长期饲喂缺乏 B 族维生素的饲料、鸡只发生肠道疾病（如球虫、肠毒症等），会妨碍其吸收时，均会出现 B 族维生素缺乏症。

　　B 族维生素是推动体内代谢，把糖、脂肪、蛋白质等转化成热量时不可缺少的物质。B 族维生素都是水溶性的，多余的 B 族维生素不会储藏于体内，而会完全排出体外。所以，B 族维生素必须每天补充，缺乏则出现病理变化。

【临床症状与病理变化】　>>>>

　　B 族维生素缺乏症的共同症状是鸡只消化机能障碍、腹泻、消瘦，毛乱无光泽、少毛、脱毛，皮炎、瘫痪、有神经症状或运动机能失调，雏鸡生长缓慢，蛋鸡产蛋量减少。

　　（1）维生素 B$_1$ 缺乏症　维生素 B$_1$ 又称硫胺素，雏鸡对维生素 B$_1$ 缺乏十分敏感，缺乏约 10 天即可出现症状，如头向背后极度弯曲呈角弓反张状，出现"观星"姿势。病鸡由于腿麻痹而不能站立和行走，病鸡以跗关节和尾部着地，坐在自己的腿上。

图 4-6-1　病鸡出现"观星"姿势，坐于自己腿上（自岳华）

　　（2）维生素 B$_2$ 缺乏症　维生素 B$_2$ 又称核黄素，雏鸡缺乏维生素 B$_2$10 天左右会发生腹泻，生长缓慢。特征性症状是鸡爪弯曲，不能行走；以跗关节着地，两腿瘫痪、劈叉，展开翅膀以维持身体的平衡。育成鸡缺乏时，则瘫痪。产蛋鸡缺乏时，产蛋量下降，蛋白稀薄，蛋的孵化率降低。

维生素 B_2 是胚胎正常发育和鸡蛋孵化所必需的物质。孵化蛋内的维生素 B_2 用完后，鸡胚胎就会死亡。

图 4-6-2　维生素 B_2 缺乏后，病鸡劈叉

图 4-6-3　维生素 B_2 缺乏后，鸡爪弯曲

（3）维生素 B_3 缺乏症　维生素 B_3 又称烟酸或尼克酸，烟酸性质比较稳定，不易被热、氧、光和碱所破坏。它是参与体内酶系统的一种维生素，它对机体的碳水化合物、脂肪和蛋白质代谢起主要

作用。肌体缺乏烟酸时则可引起新陈代谢障碍。

烟酸缺乏的症状一般表现为食欲减退，生长迟缓，羽毛蓬松，关节肿大，皮肤皲裂，腿骨变弯曲，口角结痂。

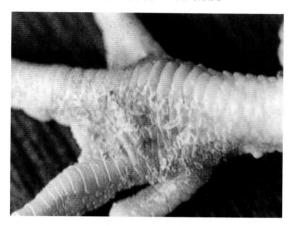

图 4-6-4　趾部皮肤皲裂

图 4-6-5　维生素 B₃ 缺乏后，病鸡口角结痂

（4）维生素 B₄ 缺乏症　缺乏时易得脂肪肝综合征，是产蛋鸡常见的营养代谢性疾病。

病因主要是脂肪在肝细胞内过分堆积，从而影响肝脏的正常功能，严重时甚至引起肝细胞破裂，导致鸡只肝内出血而死亡。患脂肪肝的鸡群很难出现产蛋高峰，产蛋率一般上升到85%左右，而后逐渐下降。笼养产蛋鸡普遍发生，发病率约为5%，有的鸡群发病率高达30%，死亡率也很高，给蛋鸡养殖业带来重大经济损失。

病死鸡病理变化表现为腹腔内脂肪大量沉积，以及肌胃和腺胃的外周都有一层厚厚的脂肪存在；肝脏肿大、黄染、出血、质脆并有油腻感，腹腔出血。

图4-6-6　维生素B₄缺乏后，病鸡出血致贫血

图4-6-7　肝脏脂肪变性，有油腻感

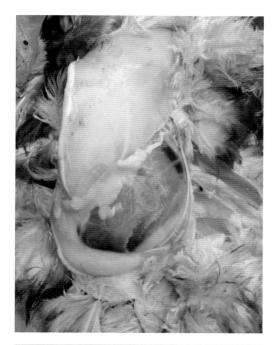

图4-6-8 切开皮肤，即看到腹腔内有血液

图4-6-9 肝脏破裂有血凝块

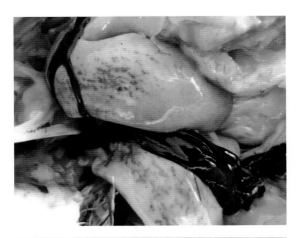

图 4-6-10 肝脏破裂且黄染

（5）维生素 B_5 缺乏症　维生素 B_5 又称泛酸，是辅酶 A 的成分，而辅酶 A 在许多生物化学过程中起重要作用，与碳水化合物、脂肪和蛋白质代谢有关。

雏鸡维生素 B_5 缺乏表现为生长受阻，羽毛粗糙，出现皮炎，口角有局限性痂块；脚趾出现痂皮以致行走困难；可形成肌胃黏膜溃疡；母鸡所产蛋孵化时，胚胎多在孵化期最后两三天死亡。

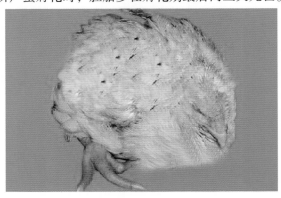

图 4-6-11　B_5 缺乏，头部、趾部皮炎

（6）**维生素 B$_6$ 缺乏症** 维生素 B$_6$ 又称吡哆醇，缺乏时，小鸡食欲下降，生长不良，贫血及特征性的神经症状。病鸡双脚神经性颤动，多因强烈痉挛而死亡。

图 4-6-12 病鸡痉挛

（7）**维生素 B$_9$ 缺乏症** 维生素 B$_9$ 又称叶酸。叶酸缺乏会使雏鸡生长不良，羽毛不正常，贫血和骨短粗，特征性症状是头颈抬不起来，呈"软脖子"状。若与维生素 B$_{12}$ 同时缺乏，可使核蛋白的代谢发生紊乱而导致营养性贫血。

图 4-6-13 病鸡因叶酸缺乏，而呈"软脖子"状

（8）**维生素 B₁₂缺乏症**　维生素 B₁₂又称钴胺素，是一种广泛存在于绿色蔬菜中的 B 族维生素。维生素 B₁₂是防止恶性贫血的维生素。缺乏维生素 B₁₂后，雏鸡生长缓慢，食欲下降，贫血，肌胃发炎、糜烂，无特征性表现。

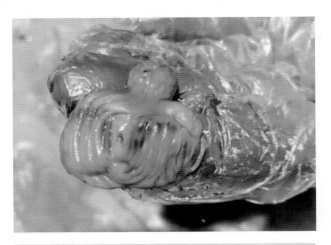

图 4-6-14　肌胃炎症

【诊断要点】 >>>>

（1）**临床特征**　根据 B 族维生素缺乏症的特征表现即可确诊。

（2）**剖检病变**　胆碱缺乏极易造成肝脏破裂。

【防控措施】 >>>>

（1）**平衡饲料营养**　严格控制产蛋鸡的营养水平，饲喂的全价饲料，既要保证营养充分，满足蛋鸡产蛋和维持机体各方面的营养需要，又要避免营养的不均衡和 B 族维生素缺乏，做到营养合理与全面。

（2）**补充益生菌**　肠道中双歧杆菌在增殖代谢的过程中，能够产生维生素 B₁、B₂、B₃、B₅、B₆、B₉、B₁₂，以提高 B 族维生素在机体内的含量。

（3）酌情补充胆汁酸 胆汁酸可帮助脂肪的消化和吸收，调节肠道功能，能有效预防脂肪肝和治疗病情较轻的脂肪肝。可根据实际情况予以补充胆汁酸盐。

（4）药物推荐

维生素 B_1 缺乏症：每千克饲料加 10～20mg，连用 1～2 周。重者肌内注射，雏鸡 1mg，成鸡 5mg，每日 1～2 次，连用 5 日。饲料中可提高多种维生素和麸皮比例。

维生素 B_2 缺乏症：雏鸡按 2mg/只、育成鸡按 5～6mg/只、成鸡按 10mg/只补充维生素 B_2。

维生素 B_3 缺乏症：饲料内添加色氨酸、啤酒酵母、米糠、麸皮、豆类、鱼粉等富含烟酸的饲料。病鸡口服烟酸 30～40mg/只，鸡群烟酸需要量为：雏鸡每千克饲料 26mg，生长鸡 11mg；蛋鸡为每天 1mg。

维生素 B_4 缺乏症：每吨饲料添加50%氯化胆碱3kg，维生素 E 1 万国际单位，维生素 B_{12} 12mg，连续治疗 2 周。

维生素 B_5 缺乏症：长期饲喂以玉米为主的饲料又未补给泛酸，可引起雏鸡的泛酸缺乏症。发病鸡：泛酸钙 8mg/只；病鸡群用泛酸钙，按每千克饲料用 20～30mg，连用 2 周。

维生素 B_6 缺乏症：雏鸡按 6.2～8.2mg/kg、成鸡 4.5mg/kg 补充维生素 B_6。

维生素 B_9 缺乏症：治疗病鸡最好肌内注射纯的叶酸制剂 50～100μg，病鸡可在 1 周内恢复正常；口服叶酸则应按每100g饲料中加入500μg叶酸的比例，疗效较好。若配合应用维生素 B_1、维生素 C 进行治疗，可收到更好的疗效。经验证明：紧急时，可使用味精，1kg水加味精1g，给病鸡灌服后几个小时即可恢复。

维生素 B_{12} 缺乏症：每吨饲料添加维生素 B_{12} 12mg，连续应用 1 周。

B 族维生素之间有协同作用，即一次摄取全部 B 族维生素，要比分别摄取效果好。因此在防治蛋鸡维生素缺乏症时，除有针对性地应用维生素外，还应全面添加复合型维生素 B。

七、输 卵 管 炎

【简介】 >>>>

蛋鸡输卵管炎是输卵管黏膜的浆液性、黏液性、纤维素性炎症，临床常和卵巢炎、腹膜炎并发，是蛋鸡，特别是产蛋鸡的一种常发疾病。病因比较复杂，对蛋鸡养殖业健康发展形成一定威胁。

【病因】 >>>>

鸡舍卫生条件差，鸡只的泄殖腔被诸如白痢沙门氏菌、副伤寒杆菌、大肠杆菌等污染，而使病菌侵入输卵管，这是发病的主要原因。

蛋鸡产蛋个头过大或产双黄蛋，因蛋壳在输卵管中破裂，损伤输卵管，也可引起此病。

饲料中缺乏维生素 A、D、E 等均可导致输卵管黏膜炎症。另外，鸡群发生病毒病时，也可继发此病。

【临床症状】 >>>>

鸡群外观正常，但产蛋无高峰期；蛋壳质量差，产出的蛋壳上往往带有血迹；输卵管内经常排出黄白色脓样分泌物，污染肛门周围羽毛，产蛋困难；病鸡呆立，翅下垂，羽毛松乱，腹部隆起，腹腔内有液体或有坚实的硬物。

【病理变化】 >>>>

临床上常以输卵管炎、卵巢炎、腹膜炎混感为特征。泄殖腔黏膜红肿；输卵管内有大量黏液或纤维素渗出，甚至有黄白色干酪样物寄存；输卵管壁会变薄，内有异形蛋样物，表面不光滑，切面呈轮状；卵泡充血、出血、皱缩、形状不整，呈黄褐色或灰褐色，严重者甚至破裂；破裂于腹腔中的蛋黄液，味恶臭，致使肠管粘连形成腹膜炎，病鸡呈企鹅状站立。

图 4-7-1　泄殖腔黏膜红肿

图 4-7-2　肛门肿胀，流出黄白色液体

图 4-7-3　输卵管炎继发腹膜炎，病鸡呈企鹅状站立

图 4-7-4　病鸡排出带血鸡蛋

图 4-7-5 病鸡排小蛋、软皮蛋、畸形蛋

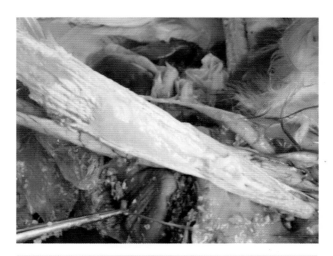

图 4-7-6 输卵管内有纤维素渗出

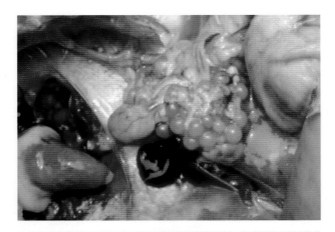

图 4-7-7　卵泡充血呈黄褐色

图 4-7-8　腹腔内有破裂的鸡蛋

图 4-7-9　输卵管内有异形蛋样物

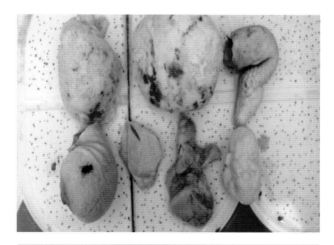

图 4-7-10　输卵管内的各形异物

图 4-7-11　输卵管炎继发卵黄腹膜炎

【诊断要点】 >>>>

（1）临床特征　病鸡肛门红肿、流黄白色分泌物，产蛋带血，腹部膨大。

（2）剖检病变　卵泡变色、输卵管内有黏液、输卵管内有异物、腹膜炎症。

【防控措施】 >>>>

（1）加强饲养管理　日常加强饲养管理，改善鸡舍卫生条件，合理搭配日粮，并适当喂青绿饲料。

（2）预防为主　鸡输卵管炎多是由病菌引起的，因此，平时应注重预防工作，可在饲料中定期添加益生菌和多维素；为了平衡免疫力，应注重有效中药的应用；防止各种因素的应激等。

（3）治疗用药　要及时发现，及时治疗，做到科学合理用药。细菌引起的，要根据药敏试验结果，选择有效抗生素，临床用药还是头孢类居多。如果输卵管炎症是病毒病等继发的，则应在治疗输卵管炎的同时积极治疗原发病。

病鸡愈后不宜留作种用。

八、痛　风

【简介】 >>>>

蛋鸡痛风是因蛋白质代谢障碍或药物中毒等导致肾脏受到损伤，进而以尿酸盐大量沉积于各脏器表面和其他间质组织中的一种疾病。本病对蛋鸡养殖业危害较大。

【病因】 >>>>

蛋鸡痛风发生原因较为复杂，但排除传染性因素外，还可因营养、药物以及霉菌毒素等多种因素引发。

饲料中的蛋白质尤其是当核蛋白含量过高时，就会大量分解出黄嘌呤，以尿酸盐形式从肾脏排出体外。如果大量尿酸盐形成，超出了鸡的肾脏排出能力，多余的尿酸盐就会沉积在内脏和关节中引发痛风。

凡使肾功能受损的因素都会造成尿酸盐沉积：如鸡只维生素A缺乏、饮水不足、各种药物中毒、霉菌和霉菌毒素蓄积等都会直接或间接损伤肾功能，进而影响尿酸盐代谢。此时尽管尿酸盐产生数量正常，但因肾脏排出能力低下仍会形成尿酸盐沉积。

尿酸盐大量沉积于肾脏内外，所有浆膜覆盖的器官和组织如胸腹腔、心包、气囊、肠系膜、关节囊、关节周围和其他间质组织中都会有沉积和附着，因此可引起鸡群大批死亡。

【临床症状】 >>>>

病鸡精神沉郁，呼吸粗迫；腿爪干瘪无光泽；采食量下降，饮水量增加；关节痛风时关节及腱鞘肿胀，运动困难；每次清除鸡粪后，还可发现地面上覆有一层白色石灰状物。

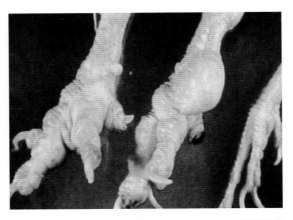

图 4-8-1　关节及腱鞘肿胀

【病理变化】 >>>>

　　血液循环旺盛的组织、器官，痛风病变也越显严重。心脏、肝脏、腹膜有尿酸盐沉积；肾脏呈花斑状，输尿管内有白色石灰状物，心脏表面及心包有一层石灰样物覆盖。浆膜层沉积尿酸盐；关节腔内尿酸盐沉积；粪便表面有奶油样尿酸盐沉积。

图 4-8-2　粪便表面有奶油样尿酸盐沉积

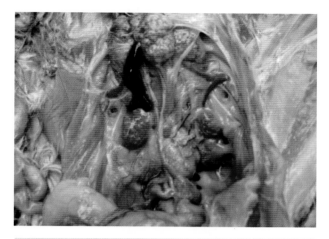

图 4-8-3　肾脏尿酸盐沉积致肾脏呈花斑状

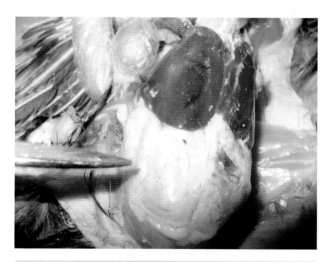

图 4-8-4　腹膜、肝脏有尿酸盐沉积

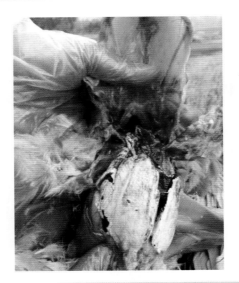

图 4-8-5 肝脏表面沉积的尿酸盐似面粉状

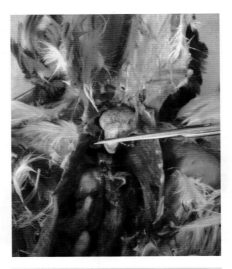

图 4-8-6 心包轻度尿酸盐沉积

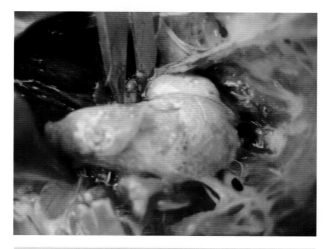

图 4-8-7 心脏重度尿酸盐沉积

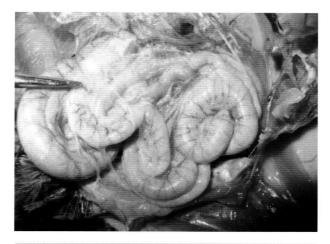

图 4-8-8 肠管浆膜层有尿酸盐沉积

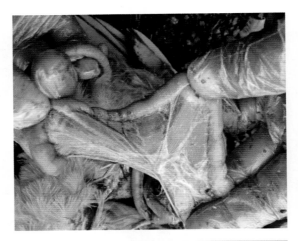

图4-8-9　肠系膜有尿酸盐沉积

图4-8-10　睾丸表面有尿酸盐沉积

【诊断要点】 >>>>

（1）**临床特征**　病鸡腿爪干瘪、饮水增加，排石灰渣、奶油样稀便。

（2）**剖检病变**　病鸡各脏器有白色粉状尿酸盐沉积。

【防控措施】>>>>

1）平衡饲料中的蛋白质和核蛋白含量，发生痛风后要降低饲料中的蛋白质含量，以减轻肾脏负担，并适当控制饲料中钙、磷元素含量比例。

2）供给充足的饮水，停用、缓用各种抗生素，以利于尿酸盐的排出。还可在饮水中添加优质电解多维水，饲料中添加维生素 E、鱼肝油等。

3）药物治疗。选用葡萄糖、小苏打、离子成分药物以及中药制剂等调节肾脏功能，促进尿酸盐的代谢和排出，力争"消炎解肾肿、排盐少腹泻"。

附录 常见计量单位名称与符号对照表

量 的 名 称	单 位 名 称	单 位 符 号
长度	千米	km
	米	m
	厘米	cm
	毫米	mm
面积	平方千米（平方公里）	km^2
	平方米	m^2
体积	立方米	m^3
	升	L
	毫升	mL
质量	吨	t
	千克（公斤）	kg
	克	g
	毫克	mg
物质的量	摩尔	mol
时间	小时	h
	分	min
	秒	s
温度	摄氏度	℃
平面角	度	(˚)
能量，热量	兆焦	MJ
	千焦	kJ
	焦［耳］	J
功率	瓦［特］	W
	千瓦［特］	kW
电压	伏［特］	V
压力，压强	帕［斯卡］	Pa
电流	安［培］	A

252